7天打造完美
A4腰×蘋果臀

韓國最美曲線話題製造 Euddeum 的 S 曲線分區鍛鍊操

U0131432

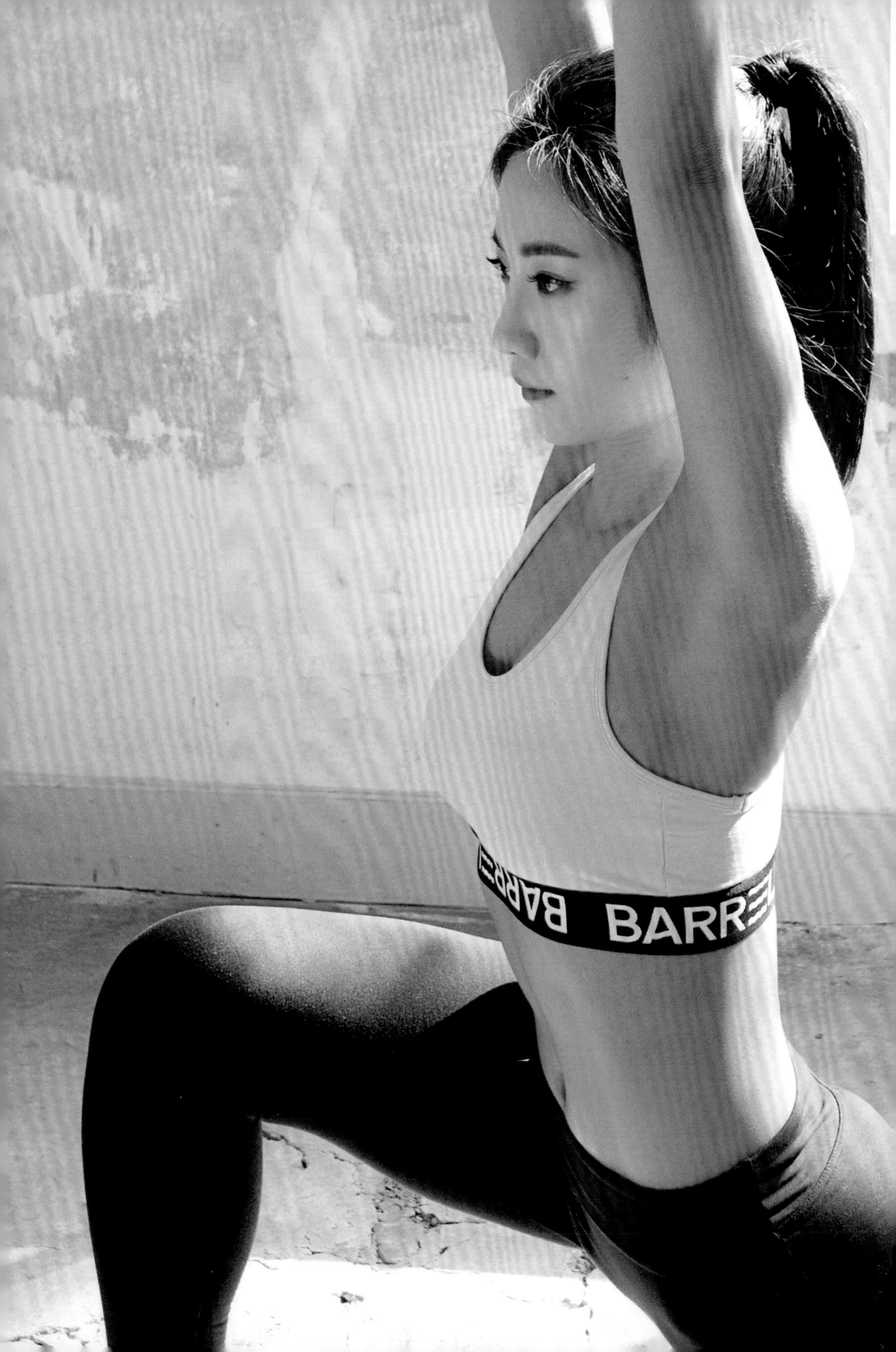
BARRE

今天再吃一天就好

從下個月開始要認真減肥

忙完就要馬上開始

夏天來之前要開始

………要開始

…………要開始

……………………要開始

要開始！

現在馬上開始吧！

不需要特別的工具
　　特別的器材
　　特別的場所。

來，快點從位置上站起來。

為　了　更　火　辣　的　夏　天　！

LOVE YOURSELF

7天打造完美

X 蘋果臀

造 Euddeum 的 S 曲線分區鍛鍊操

問高如

CONTENTS

PART 1
讓人第一眼就先看身材
致命的比基尼
上半身線條

1　讓人想擁抱的纖細肩膀

2　光滑的手臂

3　有彈性又豐滿的胸部

4　結實的11字腹肌

5　纖細的腰身與光滑的背部

先天弱小的體型
靠運動克服！

雖然小時候我的個子跟身形都比同齡的朋友嬌小，但運動神經卻很好，體育大賽總是能包辦接力賽第一名。體育老師注意到我，建議我開始運動，但因為基礎體力不佳，所以在準備體大入學考試時，每天都為嚴重的肌肉痠痛所苦。因為我不光要運動，還得要認真念書，但身體卻無法配合我的野心，甚至經歷了好幾次低潮。為了讓父母知道我對自己的選擇毫不後悔，所以我更努力的戰勝這些挫折。

我是同卵雙胞胎，所以先天免疫力就比較差。身材瘦小又小病不斷，一個禮拜有一半以上都在醫院度過，只會讓父母親擔心，所以我總是對他們感到抱歉，很想讓他們看到我透過運動變健康的樣子。於是便咬著牙付出比別人多上好幾倍的努力，成功考進體育大學。至今只要一想起入學那天，父母親高興地說：「以健康又開朗的妳為傲」仍然讓我感到驕傲。

讓我擁有全新人生的「運動」

大學暑假時，我和在美國留學的姊姊決定要一起去舊金山旅行。從跟姊姊見面的地方到目的地，開車大約要6小時。雖然家人因為距離太遠而擔心，但我覺得「這沒什麼」，就大膽地出發了！過了5個小時左右，幾乎快要抵達目的地時，原本負責開車的姊姊和我一起睡著了。姊姊睜開眼睛時，方向盤已經折斷，車也偏離原本的道路，翻了好多圈。我暫時失去了意識，直到有人來把我從車子裡救出來，用直升機送到醫院去。睜開眼睛一看發現自己在醫院，後來也一邊哭一邊在醫院裡找到了姊姊。姊姊搭的是警車，比我晚到醫院。確認她平安抵達之後我雖然安心了不少，但身體狀況卻一直沒有好轉。不僅有腦出血，左手手背第4、第5根骨頭斷裂，身上四處都是瘀青，肺還破了個很大的洞，處於必須長期觀察的狀態。

幸好在做了手術之後恢復速度變快，但卻留下下雨時會全身痠痛的後遺症。因為受了重傷，所以更深刻地感受到健康的寶貴以及運動的重要性。事故之後我更專注運動，並藉此找回了健康，有了更結實的身材。運動並不是為了賣弄身材的手段，而是讓你活出新人生的機會。

我運動並不是為了鍛鍊出他人理想中的身材，而是配合自己的標準和目標，並且證明這樣才是最健康的。我會用一天比一天更健美的身材，讓大家看看真正努力鍛鍊的身材是什麼樣子。

妳身材本來就很好嗎？

翹臀是天生的嗎？

妳有去動整形手術嗎？

沒有，100%都是靠運動努力而來的。
每個人都可以像我一樣！

我最常被問到的就是身材是天生的嗎、臀部有去動手術嗎？之類的問題。起初曾經因為這些問題而生氣，明明就是認真努力運動才有的身材，大家也想得太容易了吧。但現在遇到這種問題，只會笑一笑就帶過。要是在意別人的目光，那就會為了符合別人的期待而去運動。運動的時候如果無法專注的話，那身材絕對不會變好。我是抱持著在固定的時間裡盡全力為了自己運動的想法，一直認真努力到現在。我希望透過運動，將樂觀的想法散播給更多的人。讓大家能像過去容易有壓力、個性消極的我一樣，透過運動變得開朗又有活力。

把現在流行的減肥法都做過了一遍但還是瘦不下來，苦惱到不行的人
體力不好，動一下就容易累的虛弱女孩
想要像在玩樂一樣開心運動，人來瘋的女孩
還有
今年夏天不想再穿浮潛衣、不想再套網狀針織衫，想要大方穿比基尼的女孩！

大家都一起來運動吧！
我都做到了，大家也一定能做到！

「Hip Euddeum」的身材諮詢室

在社群上面，我收到很多跟身材、減肥有關的煩惱諮詢，雖然我很想馬上回答所有的問題，
但因為忙碌的運動規劃以及活動準備工作，所以只好一再推遲。現在我想要一次解答所有的問題。
從一些小小的運動習慣，到只有我自己知道的小祕訣，我會毫無保留地公開。

Q₁ @_dawooom

肌肉多、體脂肪也高的話，先做有氧運動燃燒脂肪後再做肌力運動，跟以重訓為主再搭配有氧運動，這兩種哪個方法比較有效呢？

@eddeume_ 後者比較有效。有氧運動和肌力運動的效果不太一樣，所以最好是同時做。配合運動目的和個人體力的水準，調整有氧運動與肌力運動的時間、強度也會有幫助。肌肉和體脂肪都很多的話，運動初期有氧運動和肌力運動的比例為5比5，肌力變好之後再調整為7比3，以肌力運動為重點。肌肉量提升體力變好的話，可以維持原本的運動強度，並以小時為單位增加有氧運動的時間，這樣能有效降低體脂肪。到了運動卷怠期或是停滯期時，可以改變有氧運動和肌力運動的比重，或是試著調整運動時間或強度。

Q₂ @leah_jiyun_byun

飲食控制比運動還困難，尤其是在午餐跟晚餐之間嘴饞的時候真的很難忍，甚至犯了不小心吃點心的罪。很想知道遇到這種狀況，該吃哪一種點心比較好？

@eddeume_ 減肥真的很辛苦。雖然會一直失敗，但也只能下定決心重新挑戰…「減肥是一輩子的課題」這句話並不是空穴來風。你說午餐跟晚餐之間的嘴饞很難忍，那就從午餐時間開始，以3～4小時為間隔，分3次進食吧。比起午餐和晚餐之間吃點心，避免自己過度挨餓還是比較好。並不是增加進食的次數就會變胖。
嘴饞的話就吃香蕉、蘋果、番茄、甜椒、黃瓜等水份含量高的蔬果類，1個地瓜、3～4顆蛋白或1袋雞胸肉是最適當的份量。最重要的是補充水份！缺乏水份的話，我們的身體會感覺更餓，所以餓的時候就先喝1～2杯水吧。每天都要持續喝水，這點也請不要忘記。感覺你好像因為減肥承受很大的壓力，而壓力就是減肥最大的敵人。不要過於自責，就算偶爾犯下吃點零食這種小罪（？），就多動一點吧，這樣就可以啦！

Q₃ @saha

每次深蹲都要用一樣的姿勢嗎？還是腳的距離或坐下去的姿勢要有一點改變呢？因為每次鍛鍊的地方都一樣，所以我有點困擾。

@eddeume_ 雖然每次都不一樣，但在深蹲的時候會鍛鍊到的部位通常都是臀部。把身體重心擺在後面，臀部和大腿內側用力這樣。姿勢要維持一致，但最後的動作會是膝蓋伸直、臀部收緊、大腿內側拉直等動作交替（每一個做20～30次）。
也有一次做100個，邊做邊改變腳的方向。如果對深蹲不太熟悉，可以以20個為單位，每做一套就換一下腳的方向。其實坐下去的姿勢也要變，但一開始的200～300個深蹲還是以放鬆髖關節和全身肌肉為主，做以臀部為主的半深蹲，之後就可以趁有空的時候做，每做10～20個就改變一下坐下去的高度。建議可以像我一樣嘗試多種不一樣的方法，會有全新的刺激和樂趣喔！

Q4 @na9_insta

運動一個禮拜要做幾次呢？休息時間、放鬆日要怎麼決定，還有要怎麼抵抗食物的誘惑？

@eddeume_運動每天都要做。偶爾狀況真的很不好，覺得需要休息時，或是行程太滿的話就會休息。不會另外定放鬆日，讓自己盡情吃想吃的東西。小時候我就吃得比一般人多，我平常的食量對一般人來說就是吃太多。在比賽之前我會忍耐，以3小時為單位，每天吃4～5餐，然後喝很多水。會一直檢查自己的身體狀況並搭配運動，讓自己有運動的動機。累的時候會尋求家人的協助，也會想像自己在舞台上的樣子。

Q5 @yoong1116

經期時的運動方法和飲食控制祕訣是什麼？

@eddeume_經前症候群（PMS），是讓每個女生都頭痛的問題。因為無法隨心所欲控制荷爾蒙，所以會覺得更辛苦。我也是，月經快來的時候就會變得敏感，身體也會比平常更容易水腫，食慾更強。覺得自己莫名煩躁或敏感的時候，就會聯想到是PMS，也會更努力要自己持續運動和控制飲食。比賽之前自己一個人控制不了的時候，就會找同伴一起運動，或是找人聊天克服這些問題。

不過因為壓力而變敏感的時候，就很難控制食慾了。我是對自己很敏感的類型，所以會想要先掌握壓力的來源是什麼。然後想辦法解決壓力來源，或是接受它的存在。我不會只靠自己一個人，反而會找家人或是老師分享。啊！還有如果不是比賽期間，就會以PMS為藉口「補充糖分」或是大吃特吃！但之後會再繼續運動。像我這種女人…吃越多運動量就越大。

生理痛的那幾天就會趁機調整身體狀況，並降低運動強度。如果生理痛不是太嚴重的話，可以不用特地休息或降低運動強度。

Q6 @seya.5

如果是沒有肌肉的「軟肉」，那要從有氧運動開始嗎？還是要從肌力運動開始呢？一開始該從什麼運動下手呢？

@eddeume_建議有氧運動和肌力運動並行。如果沒做過運動，那我們的身體也需要時間適應。

剛開始做運動時，不要逼自己做太久，以熟悉正確姿勢、運動肌肉為主，慢慢增加時間和強度就好。今天先用正確的姿勢慢慢做深蹲，讓肌肉熟悉這種感覺，做10個就好。明天15個、後天20個，就這樣慢慢增加！

Q7
@anhyesoooo

水桶腰可以變螞蟻腰嗎？

@eddeume_雖然很悲傷，但不行，這是沒辦法的事。我們的骨骼是先天的，無法改變，但可以想辦法補足缺點。透過背部和肩膀運動雕塑線條，這樣看起來就不會是水桶腰囉！搭配飲食控制跟有氧運動，減去腹部脂肪也是非常重要的一環。透過努力得到的身材，是最有價值的啦！

Q8
@haereeee

正常的吃也能減肥嗎？想減肥就不能正常吃東西這件事讓我壓力很大。

@eddeume_不行。世界上沒有吃遍自己想吃的東西，又能擁有一副曼妙身材的人。不要想成是一定不能吃，試著換一個角度想成是要吃得健康、吃得乾淨這樣，這樣就比較不會因為不能吃這件事情而感覺有壓力或是被強迫。隨著自己有多專注、多努力，結果（身材）也會不一樣。我的身材也不是一天、兩天就練成的，大概有一個月左右會沒辦法吃自己想吃的東西。什麼都吃的話，當然會變胖囉，所以不會這麼放任自己。跟我一起運動、吃的健康，打造出能穿比基尼的漂亮身材吧！

Q9
@hsu_jin

怎麼因應因減肥而引起的便祕問題？我一直配合基本的飲食控制準則，都只吃雞胸肉，但卻突然開始消化不良。這種時候該換菜單嗎？

@eddeume_要規律地配合飲食週期，在菜單裡面加入水果和蔬菜。不要一次喝一大堆水，要把適當的量平均分配在一天內喝完。我在準備比賽的時候也會搭配運動跟飲食控制，反而因為規律的飲食和蔬菜攝取，改善了便祕問題。如果吃雞胸肉不好消化，皮膚出問題或是身體出現奇怪的反應，那就以其他含蛋白質的食物代替吧。有可能是因為身體的狀況或其他原因，建議檢查一下比較好。

Q10
@jw_honhon4

只靠深蹲就能提臀嗎？還是要搭配其他運動呢？我因為想要提臀而開始做臀部運動，但臀部肌肉卻很疲累。

@eddeume_做了臀部運動但臀部肌肉卻很疲累，這是身體告訴你，你有好好在使用肌肉的訊號，是一件好事。起初只做幾次就會累，但慢慢的耐力會增加，次數、強度也就能提升。我的臀部是靠深蹲跟其他運動搭配鍛鍊出來的，下半身運動和上半身運動交替，以上下平衡為目的做運動，發現身材的曲線反而更好。在本書裡有很多下半身運動，可以跟著做做看喔！

Q11 @kwangho_88

有沒有能讓肥厚的肌肉變瘦，打造出曼妙線條的方法？

@eddeume_有。把肌肉拉長並慢慢地動，會有很大的幫助。只要放慢平時運動的速度（尤其是伸展肌肉時），用只會給肌肉微小刺激的重量來做運動就好了。就算只做一次，也要盡量讓肌肉完全伸展開來。我也推薦皮拉提斯，皮拉提斯是一種能讓肌肉又薄、又長的運動，可以讓線條平滑緊緻。

Q12 @tearsinheaven85

請推薦效果最好的提臀運動。

@eddeume_橋式＞深蹲＞分段深蹲＞直腿硬舉＞寬步深蹲

Q13 @pac3333

要降低體脂肪，空腹做間歇性有氧運動是最好的嗎？

@eddeume_不。這很容易造成肌肉耗損，很快就會累。規律且均衡的飲食，做完肌力運動之後再做有氧運動，才是能有效降低體脂肪的方式。當然，如果重點是降低體脂肪的話，那要把重點放在飲食控制再搭配適量運動。

Q14 @header7777

女性如果希望身體線條漂亮，那要做重量輕但次數多的運動會比較好嗎？還是一定要維持某種程度的重量呢？

@eddeume_吃頓簡單的早餐，再搭配肌力運動和有氧運動一起。我自己親身試過，吃了早餐再做肌力運動跟有氧運動，發現能量的消耗比空腹做有氧運動更多，反而對減肥比較有幫助。

Q15 @mingkki_v

女生只要空手運動就可以了嗎？做了深蹲之後發現大腿變得很發達，時間久了就會慢慢變小嗎？

@eddeume_隨著運動目的不同是有一些差異。初學者只要空手運動就好。做深蹲時你的重點是擺在哪裡呢？想要用臀部，但卻一直刺激到大腿內側的肌肉，導致大腿肌肉發達的話，那就是你做錯囉。在做下半身運動之前要先伸展，放鬆大腿內側的肌肉，運動時把鍛鍊的部位放在臀部和大腿後側，集中運動那裡的肌肉。

Q16 @sy28230

請告訴我生活中可以「提臀」的運動。

@eddeume_ 不需要特殊工具或器具，在生活中就能達到提臀的效果。介紹一些平時我在家就會利用牆壁、椅子、門把做些簡單但很有效果的提臀運動。

1 看電視時背靠著牆壁，膝蓋彎屈讓臀部可以呈一直線。一開始腳會發抖，身體會一直往下滑，但時間一久就會變穩定，可以同時鍛鍊到大腿、臀部和腹部。

2 抬頭挺胸，雙手彎屈手掌貼著牆壁，臀部用力單腳往後抬起、放下。

3 抓著椅子的兩端，膝蓋彎屈呈直角。臀部和腹部用力，上半身反覆抬起、放下，注意肩膀絕對不能用力。

4 在門關上的時候握住門把，身體站直。臀部用力，然後重複踮腳尖再放下的動作。注意臀部不要往後翹、上半身不要向前傾。

打造
A4腰╳蘋果臀
比基尼身材的
瘦身要點

打造能穿上比基尼的身材不需要特別的工具、器具和場所，身體本身就是最好的工具。我們身體的肌肉被設計得非常細膩，只要正確鍛鍊到你想要的部位，就能達到減重、增加肌力、有氧訓練的效果。只靠餓肚子瘦下來，很快就會導致溜溜球現象。節食減下的體重，大部分都是體脂肪和水份，在恢復正常飲食的時候就很快又會回來了。我們要把這種情況發生的機率降到最低，並維持健康、結實的身材，這就是比基尼瘦身的核心。日常生活中、運動的時候，都請記住以下的要點。像我這種容易長胖的人，可以擁有現在的身材，就是靠這些祕訣。這對提升運動效果、打造性感魅力的S曲線有很大的幫助。絕對不要放棄，我會用心幫大家的！

1　哪個部位需要減肥，就先從哪個部位的運動開始。

首先，先大致看一下有哪些運動，然後再找出自己最需要瘦的部位該做什麼運動，從那個動作先開始。然後從頭開始一步一步跟著做，做到最後發現最有感覺的動作就重複多做幾次，這樣就會很有效。每個部位的運動，都是我考慮了優缺點、配合不同的身材，找出最適當的方法設計而成的。先從最需要減肥的運動開始，那個部位開始有變化了，再來調整其他部位的運動強度和次數。

2　下半身運動要持續。

很多人會避免做下半身運動。通常不是因為累，就是因為怕腳會變粗。但在減肥這件事情上，下半身運動可不是選擇，而是非做不可的事情。人的肌肉量越多，消耗的熱量就越多。就算做等量的運動，肌肉量較少的人所獲得的效果，會比肌肉量較多的人差。下半身的肌肉最多，集中鍛鍊下半身，就可以有效地鍛鍊最多肌肉。下半身運動可以提升代謝量，也是能讓減肥更有效的主要祕訣。

3　深蹲每天都要做。

熟悉深蹲姿勢之後，每天要做10分鐘深蹲。我一開始也是從每天20個開始，做著做著發現體力慢慢變好，肌力也變好了，現在可以不間斷地做1500個左右。深蹲可以促進血液循環、幫助全身運動，還可以讓下半身線條更有彈性。

4　配合自己的體力運動。

絕對不能太過貪心，從一開始就做很難的動作，或是勉強自己做不擅長的運動。比基尼身材瘦身可不是硬來的運動。先從放鬆肌肉、伸展身體開始，等身體變軟了再來慢慢嘗試較難的動作。

5　一天中的所有動作，都跟運動做連結。

只要好好遵守像是走樓梯，或是採正確坐姿、集中收臀、走路等平時的生活習慣，就會對減肥很有幫助。

6　每一瞬間都要想像自己穿比基尼的樣子。

減肥期間，想像自己變漂亮的樂觀形象訓練，跟運動方法和飲食控制一樣重要。

A4腰×蘋果臀的比基尼身材瘦身開始！

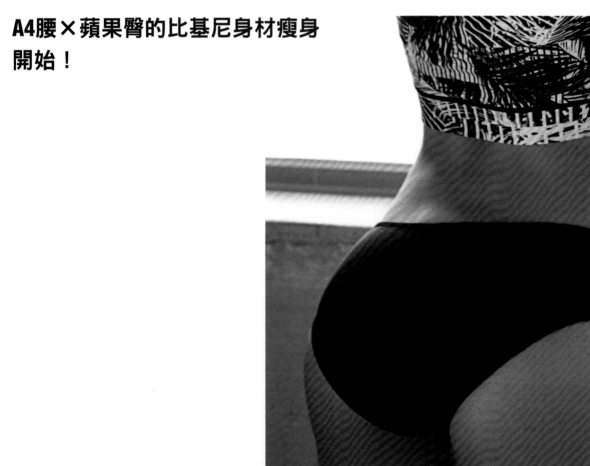

在開始運動之前，我也是只要夏天快來就會陷入減肥地獄。目標只有一個，就是穿上性感的比基尼，大方地在海邊走來走去！我買了本有名的減肥書跟著做，還去上健身房認真運動。但做了一個星期左右就覺得很無聊，還瘦到不想瘦的部位，感覺身體線條很不均衡。從那時候開始，我就覺得需要有考慮到不同身材優缺點，讓每個人能以適合自己的方法來運動的教學。為了找出解決之道，我開始學習、研究。現在要把我的成果介紹給大家。

「A4腰×蘋果臀的比基尼身材瘦身」

比基尼瘦身是以身體部位為主的運動法。推薦大家先選擇你想瘦的部位，再仔細跟著該部位的每一個運動跟著做。一天做10～20分鐘，就可以拋開「減肥帶來的壓迫感」了。

——— 運動開始之前，先介紹能讓你200%享受這本書的一些重點。

1 各運動中，難度最高、最不容易模仿的動作，已經都詳細整理在後面了。先熟悉每個部位的姿勢和角度，然後再去做那些動作吧。

2 啞鈴可以用500毫升的水瓶代替。
有啞鈴就用啞鈴，沒有的話就用500毫升裝滿水的水瓶代替。

3 只用一個特定角度無法完整說明的動作，有搭配不同角度的照片，讓讀者可以比較容易了解。請仔細確認不同角度的動作再開始做。

4 沒有明確說出腳張多開的動作，就表示腳的寬度對運動不會造成太大的影響。自然就好。

為了全國女性同胞都能大方穿上比基尼在海邊走動的那天！我會好好幫助大家！

那麼從現在開始一起來做吧！

讓人想擁抱的
纖細肩膀
Page.28

有彈性又豐滿的胸部
page.64

光滑的手臂
page.46

纖細的腰身與
光滑的背部 page.114

結實的11字腹肌
page.84

PART 1

讓人第一眼就先看身材致命的比基尼上半身線條

減去贅肉、增加曲線的上半身運動

1

讓人想擁抱的纖細肩膀

為了穿比基尼，露肩膀是必要的！從肩膀開始延伸，纖細又俐落的肩膀線條，是所有女性的夢想。但身體部位中，最容易因為疲勞而導致肌肉緊繃的部位也是肩膀。肌肉僵硬就很容易長肉，更會因為這樣更累，進入惡性循環。如果不刻意運動的話，我們幾乎不會動到肩膀，肩膀循環不好就容易長肉。此外，骨盆和肩膀那X型的循環也會因此阻塞，讓肩膀四周長出贅肉。如果骨盆一直是歪掉的，那左右肩膀也會不平衡。為了矯正肩膀，身體就會自動讓肩膀四周的肌肉拉直，導致肌肉變硬。

要瘦肩膀並不如想像中那麼容易。最重要的是平時就要多動肩膀，促進血液循環、放鬆僵硬的肌肉。以下要介紹的肩膀運動，不僅可以矯正左右不平衡，還可以減少贅肉，讓內縮的肩膀打開。讓我們一步一步跟著做吧！

肩推舉

這個動作可以強化三角肌（覆蓋肩膀的肌肉，讓手可以往側邊抬起）正面與側面，讓肩膀變寬，放鬆僵硬的肩膀肌肉。身體要固定不能晃動，只靠手臂和肩膀的力量把啞鈴（或水壺。以下內文統一以「啞鈴」表示）舉起。

90°　　90°

1 雙手握著啞鈴，身體站直。

2 雙手向上彎屈，手肘呈現90度。

NO!
注意肩膀不要跟著抬起來，
手肘也不要過度伸直。

3 肩膀固定不動，
邊吐氣邊把啞鈴高舉起來，
直到手肘伸直。
POINT 手肘要面向前方，
讓三角肌收縮。

4 邊吸氣邊慢慢回到
準備動作。

2

20次3組

過頭上推

動作的步驟是手掌朝外，雙手握著啞鈴往上畫一個大大的圓，做完可以強化肩膀肌力，預防五十肩，並矯正身體的平衡。

1 雙手手掌向外，握著啞鈴，身體站直。

2 吐氣的同時，握著啞鈴的雙手高高向上舉起，就像在畫一個圓一樣。

NO!
注意手腕
不要彎屈。

3 吸氣的同時，舉著啞鈴的手
慢慢放下到與肩膀同高，就
這樣重複**2～3**次。

33

LATERAL RAISE

側平舉

這個動作可以讓肩膀到手臂的線條變得更緊實,尤其是兩邊肩膀高度不一樣,或是肩膀太窄的人,一定要做這個動作。在手盡可能打直的狀態下,把啞鈴舉起直到感覺到肩膀肌肉收縮,再慢慢把啞鈴放下。

1 雙手握著啞鈴,
身體站直。

2 手肘微微彎屈,
邊吐氣邊將啞鈴舉至
與肩膀同高。

BESIDE >>

NO!
肩膀不要縮起來，手要抬到手臂
和肩膀呈水平為止。

3 一邊吸氣，
一邊慢慢回到準備動作。

4

20次3組

前平舉

動作的步驟是腰打直，肩膀固定不動，手舉著啞鈴向前平舉。可以刺激三角肌的前面和鎖骨，讓你擁有筆直的鎖骨線條。

1　雙手握著啞鈴，
身體站直。

2　手肘微微彎屈，
啞鈴移到身體前面。

FRONT ≫

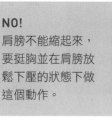

NO!
肩膀不能縮起來，
要挺胸並在肩膀放
鬆下壓的狀態下做
這個動作。

3 吐氣的同時，
雙手向前舉至與
嘴唇同高。

4 然後吸氣，
同時慢慢回到
準備動作。

5

20次3組

手臂畫圈

這個動作可以放鬆僵硬的肩膀肌肉,並讓肩膀動作的範圍更大。在肩膀固定不動的狀態下,手臂沒有舉至與肩膀同高的話,肩膀就會被往前推,也可能會招致痠痛。

1 雙手握著啞鈴,
手肘稍稍彎屈,
啞鈴放在身體前面,
微微挺胸。

2 吐氣的同時,
手臂舉至與
肩膀同高。

BESIDE >>

NO!
手臂不要舉得
比肩膀高

3 維持相同的高度，
手臂往左右打開。

4 吸氣，手慢慢放下貼到大腿兩側。
然後再整個動作反過來
（步驟**3**→步驟**2**）做一次。

6

20次3組

俯立側平舉

不管再怎麼認真做肩膀運動,還是沒什麼改變的話,那就集中來做下面要介紹的後三角肌運動法吧。三角肌分為前面、側面跟後面,大部分的運動都不會鍛鍊到後面的三角肌。但要成為「肩膀霸主」這是不可或缺的動作,把啞鈴舉起的時候手肘要稍微彎屈,如果手肘完全打直或是彎屈過度,力量就會分散到其他地方。

1 雙手握著啞鈴,
身體站直。

2 膝蓋微彎,腰向前彎成90度。
手肘微微彎屈,
雙手放到前面讓雙手握著的啞鈴相對。

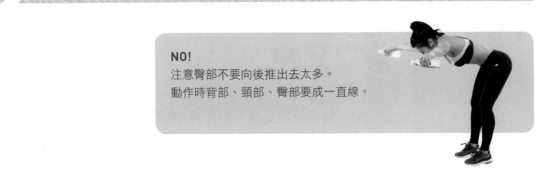
NO!
注意臀部不要向後推出去太多。
動作時背部、頸部、臀部要成一直線。

3 吐氣時手慢慢往兩側
舉至與肩膀同高。

《 FRONT

4 接著吸氣,
同時手臂慢慢放下,
回到一開始的準備姿勢。

7

20次3組

▶ 4頁連續動作

俯立交錯

這個動作就是彎腰之後手交叉成X字型，然後配合著節奏，用相同的速度做手臂交叉運動，這樣就不會無聊了。

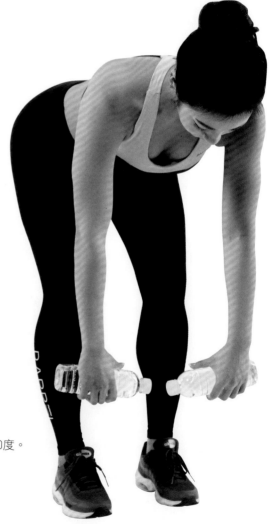

1 雙手握著啞鈴，
手肘微微彎屈，
啞鈴放在身體前面。

2 膝蓋微彎，
腰向前彎屈成90度。

NO!
肩膀不要往內縮，
腰也不要彎。

3 左手在後右手在前，
雙手交叉成×形。

4 吐氣時手肘向上抬至與肩膀同高，
手肘彎屈呈直角。

90° 90°

FRONT >>

5 吸氣時右手在前、
　左手在後，
　雙手交叉成×形。

6 吐氣時手肘向上抬至
　與肩膀同高，
　手肘彎屈呈直角。

7 一邊吸氣一邊恢復成
　準備姿勢。

2

光滑的手臂

如果說有一個跟腹部一樣讓人在意的部位，那應該就是手臂了。手臂肥胖大部分都是運動不足導致。跟其他部位相比，手臂更容易堆積脂肪，但卻最不容易瘦下來。尤其是腋下有許多淋巴分布，如果淋巴結附近的肌肉僵化的話，那身體循環就會不好。淋巴結如果堆積了脂肪和毒素，贅肉就會從手臂開始往外長。然後如果一開始說要減肥，後來放棄只做手臂肌肉運動的話，那更可能導致肌肉僵硬，讓手臂變得又粗又凹凸不平。建議多動手臂，做些簡單的有氧運動，幫助肌肉燃燒。靠一些能促進血液循環、淋巴循環的簡單運動和伸展，就能輕鬆減去手臂贅肉。

DUMBBELL CURL

啞鈴二頭肌彎舉

1

20次3組

這是最基本的二頭肌運動（位於手臂側面，幫助手臂彎屈、向內轉等動作），只要站著做這個動作，就可以擁有光滑的手臂線條。舉啞鈴時手肘固定不動就是這個動作的重點！建議用一個啞鈴，一次鍛鍊一隻手臂，做完再換另外一手就好。

1 手掌朝向前方，
手握著啞鈴，
雙腳張開與肩同寬。

2 邊吐氣邊將
手肘彎起，
把啞鈴往上抬。

NO!
注意手腕不要彎屈，
不要讓啞鈴的角度改
變。做這個動作時，
啞鈴必須是斜斜地朝
向身體左右兩側。

3 吸氣時手臂慢慢放下，
回到一開始的準備姿勢。

2

20次3組

啞鈴錘式彎舉

手肘固定不動,只靠二頭肌的力量來屈伸手肘。舉啞鈴的動作看起來就像在用錘子敲打東西一樣,所以叫做「錘式彎舉」。

1 雙手握著啞鈴,
身體站直。

2 吸氣時大拇指向著
肩膀把手抬起。

BESIDE ≫

NO!
注意手腕不要彎，不要改變
啞鈴的角度。做這個動作時，
啞鈴必須維持一直線。

3 吐氣時手慢慢放下，
回到準備姿勢。

過頭啞鈴三頭伸展

如果沒辦法同時舉起兩個啞鈴,那就先拿一個做單手就好。這個動作可以減去手臂後方的贅肉,讓你擁有纖細緊緻的手臂線條。

1 單手握著啞鈴,
身體站直。

2 把啞鈴高舉過頭,
另一隻空著的手就插腰。

NO!
不要把胸部和
腹部往前挺。

3 邊吸氣手肘邊向後彎，
慢慢把啞鈴往後
放至頭的後方。

4 邊吐氣邊
把手伸直。

53

5 換一隻手握著啞鈴，
身體站直。

6 把啞鈴高舉過頭，
另一支空著的手插腰。

8 邊吐氣邊
把手伸直。

9 回到一開始的
準備姿勢。

7 邊吸氣手肘邊向後彎，
慢慢把啞鈴往後放至頭的後方。

55

4

15次3組

手臂後屈伸

這個動作能有效鍛鍊手臂，是男生很喜歡的動作。也因為可以瘦手臂、雕塑線條，所以最近反而很受女生喜愛。

1 單手握著啞鈴，
另一隻空著的手撐住膝蓋，
上半身向前彎。

2 握著啞鈴的手向後抬起，
手肘彎屈成90度，
上臂要維持和地面平行。
Detail

3
Detail
邊吐氣邊把手伸直，
讓三頭肌收縮。

4
邊吸氣邊把手慢慢放下，
回到一開始的準備姿勢，
然後換一隻手做。

視線固定
看著地板

90°

上臂和地板
維持水平

打直

膝蓋彎屈

水平

感覺三頭肌
受到刺激

＊下半身和上半身固
定不動，只動單手
手臂。

維持固定
距離

平躺臂屈伸

這是平躺在地上，手上伸直屈伸手臂的動作，可以鍛鍊三頭肌（手臂後方的肌肉）。肩膀和手肘盡量固定不動，專注鍛鍊三頭肌效果就會是兩倍！

1 手握著啞鈴躺在地板上，膝蓋屈起。

2 手向上伸直。

NO!
腹部要用力，
讓腰不要貼到地板上。

3 肩膀和手肘固定不動，
邊吸氣邊彎屈手肘，
啞鈴慢慢放下到額頭前面。

4 邊吐氣邊把手伸直，
這時候三頭肌會有
被擠壓的感覺。

5 手臂放下，
回到一開始的
準備動作。

6

20次3組

三頭肌掌上壓

這個動作不光能鍛鍊三頭肌，也可以鍛鍊胸部肌肉，減去腋下內側的贅肉。注意身體要維持一直線，臀部不要向後翹起。

1　膝蓋撐著地板，人向前趴下，
手掌撐在胸前。

FRONT ≫

2　吸氣的同時手出力推地板，
手肘彎屈讓胸部靠近地板。
這時候手肘要盡量固定在腰側。

NO!
注意上半身撐起來的時候
腰要打直，不要彎。

3 接著吐氣並雙手出力把
上半身撐起，手肘打直。

4 身體慢慢貼近地板。

3

有彈性又豐滿的胸部

讓穿著比基尼的身影更加誘人的，就是充滿彈性的胸部。90%以上由脂肪組成的胸部，就跟即使是小動作和體重改變都能帶來影響的臉一樣，需要很細心的照護。只靠飲食療法或運動，並不容易雕塑出美麗的胸型。平時就要維持抬頭挺胸的姿勢，多做能增加胸部肌肉量的肌力運動，減少胸部周遭不必要的脂肪，讓胸部更豐滿，才能擁有美麗的線條。接下來要介紹的，是能幫助你減少不必要的頸部緊繃、幫助你抬頭挺胸，促進淋巴循環增加肌肉彈性，並雕塑胸型的動作，幫助你擁有更適合穿比基尼的胸部線條。

一起開始吧！

分段伏地挺身

這個動作可以幫你抬頭挺胸，消除肩膀和脊椎累積的疲勞。
確實地做伏地挺身，可以幫助恢復身體平衡，並鍛鍊出基礎體
力和肌力。

1　前趴在地板上，雙手彎屈，
手掌撐在胸部兩側。

2　邊吐氣手掌邊推地板，
以胸部－腹部－膝蓋的順序
慢慢把身體撐起來。

POINT
推地板時腋下和腹部要用力。

胸部

腹部

膝蓋

NO!
腰不要彎

3 維持5秒不動。
POINT 手腕盡量不要彎，
肩膀要固定維持整個姿勢。

4 吸氣的同時，
以膝蓋－腹部－頭的順序慢慢趴下。

膝蓋

腹部

頭

屈膝伏地挺身

這個動作最適合鍛鍊胸部肌肉,打造緊實圓滑的曲線!從頭到膝蓋都維持一直線,只會動到手肘。動作很簡單,初學者做起來也很輕鬆喔。

1 膝蓋撐著地板,
手撐在胸部兩側。

BESIDE ≪

NO!
注意大腿不要碰到地板，
手臂彎屈時
臀部也不要向後翹起。

2 邊吸氣手邊推地板，
手肘彎屈上半身向前趴，
讓胸部靠近地板。

3 邊吐氣邊伸直手肘，
動作維持5秒。

4 吸氣時身體慢慢趴下。

3

20次3組

伏地挺身

這是可以同時鍛鍊胸部、肩膀、三頭肌,最具代表性的上半身運動。這個動作重點在於我們不是要把身體抬起來,而是要用力把胸部推向地板。

1 雙手撐著地板,
距離與肩膀同寬,
從頭到腳尖維持一直線。

2 吸氣時手肘慢慢彎屈,
讓胸部慢慢靠向地板。
POINT 視線看著地板,
身體下趴到完全成一直線。

NO!
上半身和下半身如果不維持一直線，
手臂彎屈時就只會有下半身下壓，
或是臀部可能會向後翹起。

3 吐氣時手肘伸直，
回到一開始的準備動作。
POINT 腋下要用力，伸直手的時候
胸部會有被集中的感覺。

4

20次3組

CHEST PRESS

臥姿胸部推舉

這個動作可以伸展僵硬的胸部肌肉,並減去腋下的贅肉。做這個動作時腋下和上半身要用力,才能夠享受到托胸的效果喔。

1 握著啞鈴躺在地板上,
膝蓋屈起。
手往上平舉在胸前。

2 邊吸氣邊彎屈手肘,
動作停在手肘快要靠到地板之前。

NO! NO!
注意手肘不要完全靠到地板。

腰不要彎屈，
專注在上半身的動作。

3 吐氣時腋下用力把手肘伸直，
和胸部呈垂直。

4 吸氣並慢慢彎屈手肘。

5

20次3組

臥姿胸部飛鳥

這動作不僅能鍛鍊胸部，還能鍛鍊肩膀的肌肉與肌力。專注在集中胸部的感覺而不是手臂運動的感覺，如果想擁有尖挺的胸部，那「大推」這運動！

1 握著啞鈴躺在地板上，
膝蓋屈起。

2 手肘微彎，
邊吐氣邊在胸前把手併攏，
就像在抱一棵大樹一樣。

NO!
注意腰、手腕
都不要彎屈。

3 吸氣時雙手慢慢向兩旁打開，
像在畫一個半圓一樣。
POINT 手肘的角度要固定。

6

20次3組

手臂開合

這個動作可以減去手臂和胸部之間的贅肉,還可以增加肌肉的彈力。在雙手彎屈貼合比較高度的時候,左右手高度不一的人做這個運動會比較有效。認真做這個動作,可以幫助恢復左右平衡,同時也能放鬆肩膀關節,讓胸型更漂亮。

90°   90°

1 手掌打開,
雙手舉起彎屈成90度。

NO!
肩膀不可以抬起來
或是往內縮，
做這個動作時
要維持挺胸的狀態。

2 在肩膀放鬆、挺胸的狀態下手肘貼合，
然後一邊吐氣手肘一邊互推，
同時手臂慢慢往上抬起。
就這樣重複這個動作。

BESIDE >>

79

7

20次3組

ELBOW TOGETHER

啞鈴手臂開合

如果做手臂開合時胸部肌肉沒有鍛鍊到的感覺，那就雙手拿著啞鈴做做看吧。不僅能讓胸部肌肉變結實，也可以防止胸部下垂喔。

1　雙手握著啞鈴，
身體站直。

90°　　　90°

2　雙手舉起
Detail　彎屈成90度。

NO!
注意肩膀不要往內縮，
要挺胸讓背打直。

3
Detail

肩膀放鬆、挺胸，
吐氣時把兩個啞鈴碰在一起，
然後再吸氣回到
一開始的準備動作。

＊動作時手臂和肩膀
　要維持水平。

90°　　　　　　上半身固定
　　　　　　　　　　　90°

肩膀打開

固定距離

3

重點動作仔細看

Detail

雙手併攏，
但注意啞鈴不要碰到

肩膀下壓

肩膀下壓

挺胸

挺胸

4

結實的11字腹肌

女性最大的煩惱就是鬆垮的腹部。跟其他部位相比，腹部不容易瘦下來，瘦下來也不能掉以輕心。腹部的贅肉通常是因為運動不足，導致腰部周邊的淋巴結無法發揮正常功能，堆積許多老廢物質和脂肪所致。增加身體活動、採用腹式呼吸法，就可以消除部分黏在腹部的脂肪。但如果想要完美達到腹部瘦身的效果，那肌力運動是必要的！但不是只做腹部運動，就可以燃燒腹部脂肪。要鍛鍊全身的肌肉，才可以燃燒更多的熱量，腹部也才比較容易瘦下來。

現在開始要介紹的運動，是集中鍛鍊腹部，並帶給其他部位影響的動作。每天都認真做，腹部的線條就會變得很不一樣喔。

1

20次3組

捲腹

這個動作可以刺激上腹（腹部分成九等分時，最中間的部位），消除贅肉並讓腹肌更結實。上半身抬起、躺下時都要維持腹部用力。

1 躺在地板上，
膝蓋屈起。

2 雙手彎起，
手掌攤開撐著後腦杓，
深吸一口氣做準備。

NO!
脖子不要抬得太高，也注意不要用
手臂的力量把上半身抬起。

3 腰固定貼著地板不動，
邊吐氣邊把上半身抬起。

4 邊吸氣然後慢慢回到準備動作。
POINT 感覺腹部肌肉受到的刺激，慢慢躺下。

V型仰臥起坐

這個動作可以鍛鍊整個腹部，效果是一般腹部運動的2倍！感覺腹部用力，同時把上半身和下半身拉起來，還有手腳動作的速度要一致。此外也要特別注意呼吸，動作要放慢。

1 躺在地板上，
膝蓋屈起。

2 膝蓋微微彎屈，
腳往上抬起，
深吸一口氣做準備。

NO!
注意腹部要用力，
不要讓腰離開地板。

3 腰貼著地板不動，
邊吐氣邊讓上半身和腳靠攏。
上半身捲起，
縮短和腳之間的距離。

4 吸氣時慢慢回到
準備動作。

3

20次3組

反向捲腹

這個動作可以鍛鍊下腹部（位於肚臍下方的腹部），能有效消除腹部贅肉。初學者可以躺在長椅上，抓著長椅輔助，這樣可以減輕腰部負擔，做起運動來也會比較輕鬆。

1 躺在地板上，
膝蓋屈起。

2 膝蓋微微彎屈，
腳往天花板抬起，
並深吸一口氣做準備。

NO!
骨盆如果抬得太高，
腰和背都會痛。

3 邊吐氣邊把骨盆捲起，
讓臀部微微離地。

4 一邊吸氣一邊慢慢回到
準備動作。

旋體捲腹

手腳並用讓腹部以X型收縮，鍛鍊出11字腹肌。這個動作能有效鍛鍊從腋下到骨盆的線條，讓你擁有S型曲線。注意伸直的雙腳不能碰到地板，手腳動作時速度要放慢，不要讓身體過度擺動。

1 躺在地板上，
膝蓋屈起。

2 膝蓋微彎，
雙腳往上抬起。

NO!
身體要轉動，盡量拉近手肘和膝蓋的距離。
手肘和膝蓋距離太遠的話，就沒辦法鍛鍊到腹部。

3 腰貼著地板不動，
腹部用力把上半身抬起，
深吸一口氣做準備。

93

4

邊吐氣邊把一隻腳伸直，
同時上半身往另一隻沒伸直的腳那邊轉。

BESIDE》

5 邊吸氣邊換方向轉。

6 慢慢回到準備動作。

5

20次3組

抬腿

可以有效地讓鬆弛的下腹贅肉消失。
腰要緊貼著地板不動，靠腹部的力量把腿抬起放下。

1 躺在地板上，
膝蓋屈起。

2 腳往天花板抬起伸直。

3 吸氣時腰貼著地板，
腹部用力把腳往下壓。
POINT 腳放下的時候，感覺就像是
把腳推得離肚臍越來越遠。

4 邊吐氣邊把腳抬回來。

5 慢慢把腳放下，回到最一開始的
準備姿勢。專注於呼吸，並重複
抬腿、放腿的動作。

6

20次3組

SCISSORS

剪式抬腿

這是可以鍛鍊11字腹肌的運動。腳在移動的時候，要注意身體和骨盆不要晃動，下腹部要用力，慢慢動作的同時，會感覺到腹部肌肉受到刺激。

1 躺在地板上，膝蓋屈起。

2 上半身抬起到45度，雙手手掌和手肘撐在身體兩側支撐。

3 腳抬起來。

4 一邊吸氣，一邊把單腳放下再抬起換另一腳放下，就這樣雙腳交錯像在打水一樣。

NO!
雙腳擺動時身體和骨盆要固定，讓腰不會抬起或彎屈。

5 一邊吐氣，一邊把單腳放下再抬起，雙腳交錯放下像在打水一樣。
專注呼吸，重複步驟**4**～**5**的動作。
POINT 要以身體的中線為準擺動雙腳。

7

20次3組

觸腳捲腹

可以幫助鍛鍊上腹部。
脖子和手不要用力,只靠腹部的力量把上半身抬起來。

1 躺在地板上,
雙腳向上舉直。

2 深吸一口氣,
手臂舉起至胸前。

BESIDE >>

3 吐氣時把上半身抬起，
注意腰不要離地，
用手去碰腳尖。
快速地重複步驟**2**～**3**的動作。

4 邊吸氣邊慢慢回到
一開始的準備姿勢。

8

20次3組

V字捲腹

可以鍛鍊整個腹部，讓腹部線條更緊實。動作時身體會比手腳更早變成V型，這是個高強度運動，如果有腰椎椎間盤突出或腰痛的問題，建議還是避免做這個動作。

1 躺在地板上，
雙腳往上舉直。

2 手臂高舉過頭，
擺出歡呼的姿勢，
同時雙腳併攏。

3 邊吸氣邊把上半身抬起，
此時注意腰不要離地。
腳則慢慢放下，
讓身體變成V字形。
POINT 在憋氣的狀態下做
V字形會更有效。

4 邊吐氣邊把上半身抬起，
同時拉近手腳的距離。

5 腹部用力並慢慢躺下，
回到一開始的準備動作。

103

9

20次3組

屈膝捲腹

這個動作推薦給因為腰痛，沒辦法做仰臥起坐的人。
只要有一個小小的空間，就隨時都能做這個動作。注意腰不要
用力，腹部收縮的同時讓上半身後仰，並把膝蓋往胸部方向拉。

1 坐在地上，
手掌朝前撐在身體後方，
膝蓋屈起。

BACK   BESIDE

2 維持膝蓋彎屈並把腳抬起，
邊吐氣腹部一邊用力，
稍稍把膝蓋往胸部的方向拉。
Detail **POINT** 用要讓身體變成一個球的
感覺來做這個動作。

NO!
脖子不要向前，
肩膀也注意不要縮。

3
Detail

邊吸氣邊把腳伸直，
專注在呼吸的節奏上並
重複步驟**2～3**的動作。

利用手掌的力量
撐住地板固定上半身

肩膀打開

腹部用力，
膝蓋往胸部方向靠

利用腹部的力量把腳抬起

臀部貼著地板不動

重點動作仔細看

3
Detail

＊手掌和腹部用力維持姿勢，
避免上半身晃動。

伸直成一直線

BARREL

感覺腹部肌肉受到刺激

10

20次3組

棒式

這是核心+全身運動，尤其能給腹部很強力的刺激。熟悉動作之後，支撐的時間就可以以10秒為單位增加。注意，出力支撐的不是肩膀和手臂，而是全身。

1 身體往前趴，雙手十指交扣，
　用手肘和前臂撐著地板，
　雙手距離與肩膀同寬，膝蓋也靠在地板上。

2 一隻腳向後伸直。

NO!
腰和骨盆要打直，
避免臀部往上翻。

3 兩腳伸直膝蓋併攏，讓整個身體從頭到腳變成一直線，
就這樣撐30秒。呼吸只要自然就好。
POINT 臀部和腹部要持續用力，讓身體維持一直線。

TOP ≫

4 膝蓋再跪回地板上，
休息一下再做第二次。

11

棒式抬腿

20次3組

這個動作不僅能鍛鍊腹肌，更能同時雕塑手臂、臀部線條。動作的重點就在臀部出力把腳抬起！也有助於培養你的平衡感。
請先熟悉〈棒式（108頁）〉的動作再來做。

1 身體往前趴，雙手十指交扣，
用手肘和前臂撐著地板，
雙手距離與肩膀同寬，膝蓋也靠在地板上。

2 一隻腳向後伸直。

NO!
腳抬到不會讓腰彎屈的
高度就好。

3 兩腳伸直膝蓋併攏，
讓整個身體從頭到腳變成一直線。

4 邊吐氣邊把單腳往上抬起，
吸氣時再把腳放下，
然後換抬另外一隻腳。

12

20次3組

側棒式

這是瘦側腰的經典運動。動作的要點是側躺且肩膀固定不動，只移動骨盆。這時重點就在於力量要集中在側腰，不要分散到其他部位去。初學者的話另一隻插在腰上的手可以撐著地板，這樣做起來比較容易。

1　側躺好雙腳併攏，腳掌維持一前一後。
靠地板的那隻手手肘彎屈撐著地板，
另一隻手插腰。

2 把骨盆抬起，讓身體從頭到腳成一直線並支撐20秒，
呼吸自然就好。
POINT 骨盆抬起來，盡量讓身體離地板遠一些。

BESIDE ≪

3 腳暫時放鬆靠著地板，
然後再重複做步驟2的動作。

5

纖細的腰身與光滑的背部

背上那些被比基尼背帶擠出來的肉、毀了纖細腰線的側腰贅肉，都是在穿比基尼時會讓人自信全失的問題。尤其身體堆積很多脂肪又不特別做運動的話，肌肉不發達，想降低體脂肪就得花費很多時間。所以建議以有氧運動和肌力運動為主，增加自己的活動量，另外要提醒自己坐椅子的時候要坐進去一點、走路時腰要打直等，培養出用正確姿勢生活的習慣。

以下就介紹能有效消除腰部、背部贅肉的運動，認真紮實地跟著做，就能打造出讓你自信滿分，絕無死角的比基尼線條啦！

1

20次3組

超人飛

這個動作可以刺激背部肌肉、消除贅肉並強化腰部肌力。
盡量把上下半身抬高、手腳盡量向前後伸長。
如果有椎間盤或腰椎疾病等問題的話，建議先接受專業的諮詢
再做這個運動。

1 趴在地上，手臂向前伸直，
雙腳張開與肩同寬。

與肩同寬

NO!
注意腰和脖子都不要彎。
腹部要用力，在恥骨完全貼著地板
的狀態下把手腳抬起，脖子只要稍
稍抬起就好，不需要太過勉強。

2 邊吸氣邊把手腳抬起。
POINT 臀部和腹部用力，手腳同時抬起。

3 邊吐氣邊把手腳放下。

2

20次3組

游泳

手腳交錯上下擺動，腹部用力讓身體不要晃動。這對脊椎椎間盤或減緩腰痛都有一定的效果。

1 趴在地板上，手腳向前後伸直，
雙腳打開與肩同寬。

2 吸氣的同時腹部用力，
手腳往上抬起。

NO!
脖子如果抬得太高會導致
肌肉緊繃痠痛。

3 右手和左腳一組、左手和右腳一組，
像在游泳一樣交替上下擺動，呼吸自然就好。

4 吐氣時手腳放下，
回到一開始的準備姿勢。

背部下拉

這是讓平時鮮少動到的背部肌肉收縮、放鬆的運動。
手肘往腰的兩側下拉，緊緊地擠壓背部肌肉，這樣就可以鬆開
緊繃的肌肉，並且減去腋下的贅肉。

1 握著啞鈴，身體站直。

2 吸氣時雙手往斜上方
舉起呈Y字形。

NO!
注意不要聳肩，肩膀要維持水平，
集中刺激腋下肌肉。

4 手慢慢放下，
回到一開始的準備姿勢。

3 吐氣時手向下彎屈呈W字形。
POINT 注意下半身要固定不動，
只有手肘靠向側腰就好。

121

彎腰背部下拉

腰向前彎成45度角屈伸手臂。如果覺得腰的負擔太大,可以把次數減少,集中呼吸慢慢動作就好。

1 腰打直,
雙腳張開與肩同寬。

2 腰向前彎45度,
手臂自然下垂。

3 吸氣的同時手臂舉起到耳側。
POINT 上半身和下半身固定不動,
只有手臂動。
Detail

NO!
手臂向後拉的時候臀部
不要往後翹，身體也不
要抬起來。

4 Detail　吐氣時手臂向後拉，
變成W字形。

5　雙手再伸直。

6　慢慢起身，
回到一開始的準備姿勢。

123

Detail

連手指都要伸直成一直線。

＊要在挺胸、腰打直向
前彎的狀態下動作。

上半身固定

膝蓋微彎

骨盆固定

維持與肩
同寬

*腰自然弓起

和背維持一直線

不是用手臂的力量，
而是用背的力量讓手彎屈

45°

45°

5

20次3組

Y型抬手

這個動作可以幫助你背打直、肩膀挺起、減少贅肉。
動作時如果覺得背沒有被刺激到，那可以拿個輕一點的啞鈴輔助。

1 雙腳張開與肩同寬，
膝蓋微微彎屈，
上半身彎屈成90度。

2 雙手握拳拳心向內，
拇指向前伸直。

3 雙手握拳抵著膝蓋。

4 吸氣時手臂往斜上方抬起，做出一個Y字形。

FRONT ≫

NO!
上下半身都要固定，只有手臂動就好。

5 吐氣並慢慢把手靠回膝蓋上。

6

20次3組

躬身

雙手舉起、彎腰的動作可以減掉背部贅肉，增加脊椎與腰的柔軟度。

1 腰打直站好，
雙腳張開與肩同寬。

2 雙手向上伸直，
手臂靠近耳側。

FRONT ≫

NO!
注意臀部不要
向後推出去。

3 上半身固定不動，
吸氣並將身體向前彎。
POINT 感覺就是下半身固定、
身體重心往前倒，
像在跟人問好一樣向前彎腰。

4 吐氣並把
身體打直。

7

20次3組

羅馬尼亞硬舉

在腰背打直的狀態下,啞鈴不要距離身體太遠。一開始就用很重的啞鈴,腰很可能會受傷。建議專注在動作給肌肉的刺激,然後再慢慢增加重量。

1 握著啞鈴,身體站直,
雙腳張開與肩同寬。

2 吸氣時膝蓋微微彎屈,
身體向前彎,
讓手慢慢下垂。

NO!
頭不可以先抬起來，
臀部也不可以往後翹起，
背和頭要一起抬起來。

3 邊吐氣身體邊慢慢抬起，
回到一開始的準備動作。

8

20次3組

槓鈴俯身划船

這個動作可以增加你動作的範圍,並讓脊椎四周的肌肉更發達。一開始先從比較輕的啞鈴開始,再慢慢增加啞鈴的重量和動作的次數。

1 握著啞鈴,身體站直,雙腳張開與肩同寬。

2 吸氣時膝蓋微彎,身體向前彎約70度,讓握著啞鈴的手臂慢慢下垂。

BACK >>

NO!
上半身不要移動，要維持一開始
前彎的姿勢把啞鈴往上拉起來。

3 吐氣時腹部用力，
慢慢把手臂拉起，
讓肩胛骨夾緊。
POINT 拉起手臂，
感覺要讓肩胛骨互相碰在一起。

4 手臂放下，
身體慢慢抬起回到
一開始的準備動作。

133

9

15次3組

單臂划船

這個動作可以鍛鍊背部肌肉，減掉腋下後面多餘的贅肉。
拉起啞鈴的時候要注意上半身不要過度轉動。

1　單手握著啞鈴，
不同邊的那隻腳往前踩一步，
身體向前彎。
跟前腳同邊的手微微彎屈放在膝蓋上。

FRONT >>

NO!
把啞鈴拉起來的時候,
注意放在膝蓋上那隻手
不要伸直。

2　吐氣時握著啞鈴的手
　　向後拉高至側腰。

3　吸氣時啞鈴慢慢放下,
　　回到一開始的準備動作。

10

20次3組

天鵝動作

這個動作可以伸展背部,有效雕塑出光滑的背部線條。
動作的重點就在於上半身抬起時,不會對腰造成負擔。

1 趴在地板上,雙手彎起,手掌撐著地板,
雙腳張得比骨盆寬一點。

2 邊吐氣邊把手臂伸直,
從頭到腰慢慢抬起上半身。

FRONT　　　　　BACK

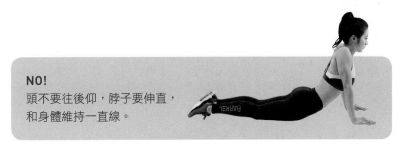
NO!
頭不要往後仰，脖子要伸直，
和身體維持一直線。

3

一邊吸氣一邊慢慢趴下，
回到一開始的準備動作。

PART 2

讓人忍不住回頭
驚嘆連連的
比基尼下
半身線條

雕塑線條，矯正體型的下半身運動

圓潤的蘋果臀
page.140

纖細的大腿&
筆直的雙腿
page.176

1

圓潤的蘋果臀

臀部容易堆積脂肪是因為女性荷爾蒙的分泌，所以如

果不特別照顧，就會因為這些覆蓋在上面的脂肪導致

彈性變差，皮膚會一直鬆弛，穿衣服也撐不起來。不斷

變胖、變瘦，或是平時沒有縮小腹習慣的話，臀部也會

鬆弛。鍛鍊臀部肌肉搭配瘦身運動一起做，這樣大家

就都能擁有翹臀囉！一定做得到，我是誰啊？拜託！Hip

Euddeum！說到臀部線條，我可是比任何人都有自信。

就相信我，跟我一起做吧！

1

BRIDGE

橋式

可以有效鍛鍊臀部肌肉，達到提臀效果。如果長時間坐著，或有腰痛問題的話，重複這個動作就能鬆開緊繃的腰部肌肉。

1 躺在地板上，手掌貼地，膝蓋屈起，
雙腳張開與骨盆同寬。

NO!
注意腰不要彎，
肋骨也不要過度挺起。

2 吐氣時臀部用力收緊並將骨盆抬起，
讓肋骨到膝蓋完全呈一直線。

≪ BESIDE

3 吸氣時骨盆慢慢放下。

143

單腿橋式

這個動作能讓骨盆恢復平衡。注意要讓骨盆維持水平，並避免身體重心往脖子移動。動作時如果覺得腰痛，那建議立刻停止。

1 躺在地板上，手掌貼地，膝蓋屈起，雙腳張開與骨盆同寬。

2 吸氣時臀部用力收緊並將骨盆抬起，讓肋骨到膝蓋成一直線。

NO!
腳抬起來的時候
注意骨盆不要歪掉。

3 吐氣時單腳用力後腳跟推地板，
另一隻腳抬起來。

BESIDE 》

145

4 吸氣時腳慢慢放下。

BESIDE >>

5 吐氣時單腳用力後腳跟推地板（跟步驟**3**不同一隻腳），
另一隻腳抬起來。然後邊吸氣邊把腳放下，
慢慢回到一開始的準備動作。

驢子踢腿

這個動作能讓臀部更有彈性。注意骨盆不要歪掉，讓身體重心維持在軀幹，邊把腿抬起邊感覺臀部肌肉運動。沒有瑜伽墊的話，建議在膝蓋底下墊一條毛巾再做。

1 趴下四肢撐地，
膝蓋跪在骨盆正下方，
手掌撐在肩膀正下方。

2 邊吸氣邊把單腳向後抬起，
膝蓋和腳踝要呈直角。

NO!
腰或脖子不要彎，
脖子線條要和背維持一直線。

3 膝蓋和腳踝固定不動，
吐氣時臀部用力收緊，
把腳往上抬。
POINT 腳只要抬到臀部肌肉
感覺有運動到的高度就好。

BARREL

TOP 》

149

4　腳慢慢放下，
　　回到一開始的準備動作。

5　邊吸氣邊把另一隻腳向後抬起，
　　膝蓋和腳踝要呈直角。

6 膝蓋和腳踝固定不動，
吐氣時臀部用力收緊，
把腳往上抬。

7 邊吸氣邊把腳放下，
回到一開始的準備動作。

4

20次3組

深蹲

要打造有彈性又圓潤的臀部，絕對不能不做深蹲！做這個動作時，就像是用後腳跟去推地板的感覺。起來的時候尾椎要用力，臀部則要盡量收緊。

1 雙腳站得比肩膀寬一些。

2 雙手彎屈撐在後腦杓。

3 邊吸氣邊慢慢往下坐，直到大腿和地面平行。
Detail

NO!
膝蓋彎屈、身體重心放在後面時，
要注意上半身不要太過向前彎或是過度挺胸。

4 一邊吐氣一邊慢慢起立。這時候臀部要用力收緊，後腳跟則要出力推地板。

3
Detail

視線固定
看向正面 →

身體重心放在後面，
維持2秒左右不動，
並持續收縮臀部肌肉

膝蓋停在
不超過腳尖的位置

大腿和地板維持水平

後腳跟推地板

維持一直線，腳趾頭緊抓著地板不動

→ 上半身打直

→ 腹部用力

雙腳力道要相同，
以維持姿勢平衡

5

20次3組

窄蹲

這個動作可以刺激臀部和大腿的肌肉，讓下半身線條更平滑。特別是會強化大腿內側肌肉，有助矯正O型腿，也能有效去除橘皮組織。

1 雙腳併攏，身體站直。

2 雙手向前平舉。

3 身體重心放在後面，邊吸氣邊慢慢向下坐。

NO!
身體重心不要往前，
手臂要維持水平。

步驟**3**FRONT≫

4 邊吐氣邊起立。
這時候臀部要用力，
後腳跟感覺就像在推著地板。

BALLET SQUAT

6

20次3組

芭蕾深蹲

這是刺激雙腿內側肌肉的運動,可以幫助穩定下半身的平衡。
大家可以像芭蕾舞者那樣優雅地慢慢做。

1 雙腳併攏,
身體站直。

2 腳尖打開45度,
雙手往兩側平舉。

3 吸氣時膝蓋往左右兩邊打開，
臀部向後翹起慢慢坐下。
POINT 要維持後腳跟併攏，
腳尖打開的姿勢。

4 吐氣時收縮從後腳跟到大腿內側的肌肉，
同時慢慢起立站直。

ONE LEG SQUAT

單腳深蹲

這是兩腳交替深蹲的動作，可以幫助骨盆和大腿恢復平衡。注意膝蓋不要太前面，如果容易重心不穩，建議可以扶著牆壁做。

1 雙手插腰，
身體站直，
單腳腳跟離地。

2 吸氣時身體重心往後，
盡可能往下坐。

3 吸氣時臀部收縮並起立。

NO!
臀部不要往後翹太多，上半身也不要太過前彎。

4 換抬起另外一隻腳的腳跟。
POINT 注意另一隻踩著地板的腳，
要用後腳跟去推地板。

5 吸氣時身體重心往後，
盡可能往下坐。

6 吸氣時臀部收縮並起立。

過頭深蹲

一次就可以解決臀部下緣的贅肉和背部贅肉的問題,同時還能讓全身恢復彈性!如果能找個夥伴一起做,或是抓一根桿子當輔助的話,就能幫助矯正姿勢。

1 雙腳張開比肩膀寬一些。

2 雙手高舉過頭。

3 身體重心向後,吸氣並慢慢往下坐,坐到大腿和地面平行的高度。

NO!
做這個動作時上半身
不要過度向前彎。

步驟**3**連續動作>>

4 一邊吐氣一邊起立。
做這個動作的時候要用腳跟去推地板,
臀部也要用力收緊。

163

9

20次3組

側跨步深蹲

這個動作可以同時享有提升下半身肌力、瞬間爆發力，並達到有氧運動的效果。上半身挺直，臀部維持固定高度，同時左右移動。身體重心要放在臀部和後腳跟，動作時會有腳跟在推著地板的感覺。

1 雙腳張開與肩同寬，身體站直。

2 手臂彎屈，雙手在胸前十指交扣。身體重心向後擺並慢慢坐下，直到大腿與地面呈現平行。

NO!
上半身不要向前彎，
肩膀也不要縮起來。

1步

1步

1步

3 維持剛剛擺好的姿勢，
雙腳併攏之後呼吸保持固定頻
率並往右移動三步。
然後再往左移動三步，
回到一開始的準備動作。

深蹲側踢

這個動作可以幫助你雕塑從臀部到大腿的曲線，並減掉側腰的贅肉。如果做這個動作時膝蓋會痛的話，那建議先熟悉基本深蹲的動作再繼續這個動作。

1 雙腳張開與肩同寬，雙手插腰。

3 後腳跟用力蹬起並同時吐氣，一隻腳向側邊踢出去。

2 身體重心向後並吸氣，吸氣時慢慢坐下，讓大腿與地板呈現平行。

FRONT >>

NO!
注意腳踢出去的時候，
上半身不要向旁邊歪也
不要抖動。

4 腳放下之後回到深蹲的
姿勢（步驟**2**的姿勢），
重複坐下、側踢起立的動作，
側踢時要換一隻腳，
然後再慢慢回到
一開始的準備動作
（呼吸方法請參考步驟**3**）。

FRONT ≫

11

15次3組

深蹲髖部伸展

這個動作具有恢復骨盆與腰部平衡和提臀的效果。腳向後踢的時候，要注意上半身不要向前彎。

1 雙手插腰，身體站直。

2 身體重心放在後面，
邊吸氣邊慢慢坐下，
讓大腿和地板呈現水平。

3 後腳跟出力蹬起，
同時邊吸氣邊單腳向後踢。

NO!
腳向後伸時注意
上半身不要往後仰，
腰也不要彎。

4 腳放下後再回到深蹲姿勢（步驟**2**姿勢），
坐下起立的同時換另一隻腳向後踢，
然後再慢慢回到一開始的準備姿勢
（呼吸方式參考步驟**2**～**3**）。

12

20次3組

站姿大腿後伸展

單腳踩著地板固定不動，利用臀部的力量將另外一隻腳往後抬起來。這個動作不僅能幫你鍛鍊結實有彈性的肌肉，還能夠防止臀部下垂喔。

1 雙手插腰，
身體站直。

2 膝蓋打直，
邊吐氣邊單腳向後踢，
總共重複20次。
Detail

NO!
腹部用力讓腰不要彎，
還要注意脖子也不要向後仰。

3
Detail
吸氣時回到一開始的準備動作。
然後同樣膝蓋打直，
換另外一隻腳向後踢，
總共重複20次。

4
吐氣時慢慢回到
一開始的準備動作。

171

重點動作仔細看

2
Detail

＊動作時臀部和腹部要用力

上半身固定

視線固定
看向前方 →

雙手插腰

後腳跟
往後踢起來

重心都擺在這隻腳上，
撐住身體

骨盆
固定不動

膝蓋打直腳
向後踢

膝蓋打直

＊在腰不會有負擔的範圍
　內抬腳，讓臀部的肌肉
　可以得到鍛鍊。

腳掌固定

13

15次3組

單腳前側踢

這是個可以動到整個臀部肌肉的運動,能非常有效地幫助你打造彈性又圓潤的臀部線條。還可以鍛鍊大腿、小腿肌肉,對減肥也很有幫助。腳踢出去的時候上半身要打直,並注意身體不要晃動。

1　雙手插腰雙腳張開與骨盆同寬,身體站直。

2　膝蓋打直,單腳向前踢。

3　接著馬上吸氣,剛剛往前踢的那隻腳再往側踢,總共重複15次。

NO!
上半身不要彎，
只要抬腿就好。

4 腳慢慢放下，
回到一開始的準備動作。

5 在膝蓋打直的狀態下，
一邊吸氣一邊向前踢起
另一隻腳。

6 然後馬上吐氣，
同時腳往旁邊移，
總共重複15次。
最後再慢慢把腳放下，
回到一開始的準備動作。

2

纖細的大腿 & 筆直的小腿

像被詛咒一樣的下半身，一輩子都改變不了？NO! NO!

只要認真運動，就絕對可以擺脫下半身肥胖。幫助保持

下半身平衡的大腿和小腿，是肌肉非常發達的部位。要

做可以同時燃燒脂肪、鍛鍊肌肉的運動，才能打造出

纖細筆直的腿部線條。燃燒脂肪並鍛鍊肌肉的運動，

搭配鍛鍊那些最不容易瘦下來部位的動作，才可以讓

你有輕盈的下半身線條。最重要的當然就是正確的姿

勢囉！

翹腿橋式

這個動作可以減掉大腿贅肉,讓臀部曲線更升級。後腳跟和臀部要用力把骨盆抬起來,刺激大腿後方和臀部的肌肉。注意動作的時候腰不要彎。

1 躺在地板上,手掌貼地,
膝蓋屈起,腳張開與肩膀同寬。

2 右腳放到左腳大腿上,
就像在翹腳一樣。

NO!
腰不能彎，骨盆抬起來時
要讓膝蓋到肋骨維持一直線。

3 吐氣時將骨盆抬起，
讓肋骨到膝蓋成一直線。

4 邊吸氣邊慢慢把骨盆放下。

5 腳放下，回到準備動作。

6 接著左腳放到右腳大腿上，就像翹腳。

7 吐氣時將骨盆抬起，
讓肋骨到膝蓋成一直線。

《 BESIDE

8 邊吸氣邊慢慢把骨盆放下，
回到準備動作。

PRONE HIP EXTENSION

2

俯臥臀伸展

趴在地板上，用臀部的力量把單腳抬起來。動作時感覺就像用恥骨輕輕壓地板，並把腳向後朝天花板抬起來。

1 雙手交疊，抵著額頭趴下。

2 一邊吐氣一邊抬起單腳，動作維持5秒左右。
然後邊吸氣邊慢慢把腳放下，回到最開始的準備動作。

NO!
腰不要用力把腳
抬得太高。

3 一邊吐氣一邊把另一隻腳抬起，
一樣維持5秒。

4 邊吸氣邊慢慢把腳放下，
回到準備動作。

3

20次3組

青蛙腿

可以鍛鍊從核心肌肉（深層肌肉）到骨盆四周的肌肉。

1 雙手交疊抵著額頭趴下。

2 膝蓋彎屈腳向後折起，
兩腳腳跟併攏。

NO!
注意脖子不要向後仰，
腰也不要彎。

3 併攏的腳跟用力，一邊吐氣，
膝蓋一邊抬離地板，維持5秒左右。
POINT 從頭到尾腳跟都維持併攏的狀態，
這樣動作才會有效果。

4 一邊吸氣，膝蓋一邊慢慢放下，
回到一開始的準備動作。

4

20次3組

全蹲

這個動作可以減去大腿外側的贅肉。注意兩腳的距離比一般深蹲時還寬、蹲得更下去。身體重心要擺在後面，臀部要收緊。

1 雙腳張開比肩膀還寬，雙手向前平舉至與肩同高。

2 身體重心放在後面，一邊吸氣一邊盡量向下坐。
POINT 動作時感覺就像是用臀部去壓地板。

NO!
不要整個坐下去。

步驟**2** FRONT ≫

3 一邊吸氣一邊起立。
這時候臀部要用力、
腳後跟要推著地板。

5

20次3組

深蹲跳

這個動作可以燃燒下半身脂肪,增加下半身彈性。跳得越高運動強度越高,跳躍時注意重心不要向前傾,著地時腳尖要微微離地,才不會加重膝蓋關節的負擔。

1 雙腳張開與肩同寬,
雙手向前平舉至肩膀高度。

2 身體重心放在後面,
慢慢向下坐到大腿與地板平行。

NO!
重心如果向前傾，
就會對膝蓋和腳踝帶來負擔。

4 吐氣時慢慢回到
深蹲姿勢（步驟2的姿勢）。

3 吸氣時腳用力、
手向後擺動並跳起。
POINT 以想讓自己變高的感覺用力往上跳。

6

20次3組

寬步深蹲

這個動作可以同時刺激腳、臀部和大腿內側。尤其能幫助雕塑女性大腿內側與臀部側面的線條,讓身體看起來更有彈性。

1 雙腳距離是肩膀的2倍寬,
雙手插腰,腳尖向外打開45度。

FRONT >>

2 身體重心放在後面,
一邊吸氣一邊慢慢蹲下,
膝蓋要朝向腳尖的方向。
POINT 動作要放慢,坐下去時會感覺大腿內側的肌肉被拉長,起立的時候臀部兩旁的肌肉要有被刺激到的感覺。

NO!
膝蓋向內收的話會坐
不下去。用伸展大腿
內側的感覺，讓膝蓋
向外打開並往下坐。

3 邊吐氣邊起立，
這時候腳跟要推地板，
臀部要用力收緊。

7

20次3組

單腳寬步深蹲

這是骨盆擺正，單腳腳跟抬起的深蹲動作。跟離地腳跟同一側的臀部要用力，腳盡量固定不動，把身體重心放在另一側的腳跟上，微微往下坐再起立。可以讓你的大腿內側與側面線條更有彈性。

1 雙腳距離約是肩膀的2倍寬，
雙手插腰，腳尖向外打開45度。

<< BACK

2 身體重心放在後面，
膝蓋朝腳尖的方向打開並慢慢蹲下，
同時一隻腳的腳跟要抬起來。

NO!
注意後腳跟抬起來的時候,
上半身不要往旁邊歪。

3 吐氣時慢慢起立,
這時候要用腳跟去推地板,
同時臀部也要用力收緊。

4 身體重心放在後面,
吸氣的同時膝蓋朝腳尖方向
打開並慢慢蹲下,
並抬起另外一隻腳跟。

5 吐氣時慢慢起立,這時候要用腳跟去推地板,
同時臀部也要用力收緊。

8

15次3組

分腿蹲

這個動作可以提升下半身的整體肌力,並讓你擁有光滑的腿部線條。後面那隻腳要完全放鬆,維持在快要碰到地板但卻沒碰到地板的狀態,也可以一隻腳跨在椅子上做。

1 雙腳張開與骨盆同寬,
手臂彎屈在胸前十指交扣。

2 單腳往前踩一步,
後面那隻腳的腳跟抬起來。

NO!
注意膝蓋不要
推得太出去。

BESIDE «

3 在腰打直的狀態下,一邊吸氣一
邊讓支撐身體重量的那隻腳膝蓋
彎屈。這個動作重複15次。
POINT 前面那隻彎屈的腳,用在深
蹲的感覺坐下去、起立就好。

4 吐氣時前腳的後腳跟和臀部用力,
並慢慢回到一開始的準備動作,
然後換另外一隻腳。

9

15次3組

弓箭步

這個動作可以減掉大腿正面的贅肉,同時增加臀部的彈性。身體重心要擺在前腳的後腳跟,同時臀部要用力以保持身體平衡,後面的那隻腳則會有大腿後方肌肉被拉直的感覺。

1 雙腳張開與骨盆同寬,
雙手插腰。

2 腳前後張開,
Detail 身體重心放在前腳的後腳跟上,
後腳的後腳跟抬起來。

3
Detail

在腰打直的狀態下，
吸氣時前腳膝蓋彎屈成90度，
後腳的膝蓋往地板下壓。

NO!
動作時上半身不要往前
傾，腰要打直。

4
吸氣時前腳後腳跟和後腳大腿同時出力，
然後膝蓋慢慢伸直，回到一開始的準備動作，
接著兩腳交換再做一次。

腰不要向前彎，
上半身固定不動

腹部用力

骨盆要朝向正面，
手指要對齊骨盆邊緣

後腳跟抬起

膝蓋打直

雙腳距離約一步寬

視線固定向前

腹部用力

膝蓋和腳尖要
保持朝同個方向

90°

後腳跟抬起

以伸展肌肉
的感覺拉直

膝蓋下壓到離地很近
但還不會碰地的高度

腳尖用力維持固定距離

10

15次3組

側弓箭步

這是集中刺激大腿內側的運動，持續做就會有大腿變細、變長的效果。動作時注意要挺胸、腰要打直。

2 身體重心放在後面，
一邊吐氣一邊彎屈單腳膝蓋，
另一隻腳伸直把大腿內側拉開。
POINT 把重心放在彎屈那隻腳的後腳跟上，臀部則向後推出去。

1 雙腳距離是骨盆的2倍寬，
手臂彎屈在胸前十指交握。

BESIDE >>

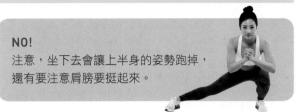

NO!
注意，坐下去會讓上半身的姿勢跑掉，
還有要注意肩膀要挺起來。

3 吸氣時彎屈的腳再重新伸直，
回到一開始的準備動作。

4 身體重心放在後面，
吐氣並彎屈單腳膝蓋
（跟步驟**2**不同一隻腳），
另一隻腳伸直把大腿內側拉開。

5 吸氣時彎屈的腳再重新深直，
回到一開始的準備動作。

STIFF DEADLIFT

11

20次3組

直腿硬舉

我強力推薦這個動作,給那些希望背影有彈性又性感的人。這個動作可以刺激大腿、臀部和背,讓你的背面線條看起來更美。尤其會強力刺激大腿後方的肌肉,能有效幫助減少大腿贅肉。但如果姿勢錯誤就很容易痠痛,建議先熟悉動作之後再開始認真做。

1 雙腳張開與肩同寬,
雙手貼在大腿上。

2 在膝蓋微彎的狀態下,
一邊吸氣,骨盆一邊向後推出去,
上半身往前彎。
POINT 做動作時,臀部要盡量往後翹起,
讓大腿後方的肌肉可以伸展開來。

BESIDE ≫

NO!
注意膝蓋不要彎得太多，
也不要往前移動。

3 邊吐氣邊慢慢回到
一開始的準備動作。

12

15次3組

後交叉弓箭步

這個動作可以讓僵硬的背部肌肉得到伸展,同時減少大腿後方的贅肉。是一個可以刺激整個背面肌肉的動作,兼具有氧運動與全身運動的效果。腳伸出去的時候,要注意骨盆不要歪掉。

1 雙腳張開與骨盆同寬,
雙手插腰。

2 單腳膝蓋微彎、
後腳跟抬起。

3 吸氣時上半身向前彎45度,
同時單腳向後踩出去。

BESIDE >>

4 先慢慢回到一開始的準備動作，
然後再一邊吐氣一邊抬起另一隻腳的腳跟，
膝蓋也要微彎。
POINT 做動作時重心要放在固定的那隻腳上。

5 吸氣的同時上半身
向前彎45度，
另一隻腳向後踩出去。

6 邊吐氣一邊慢慢回到
一開始的準備動作。

205

13

20次3組

體前彎左右跨步

這個動作可以減少大腿贅肉和臀部下面的肉,達到提臀、強化腰部肌力的效果。要在腰打直、腹部用力、上半身和骨盆固定不動的狀態下左右移動。

1 雙腳張開與骨盆同寬,
雙手插腰。

2 上半身向前彎45度。

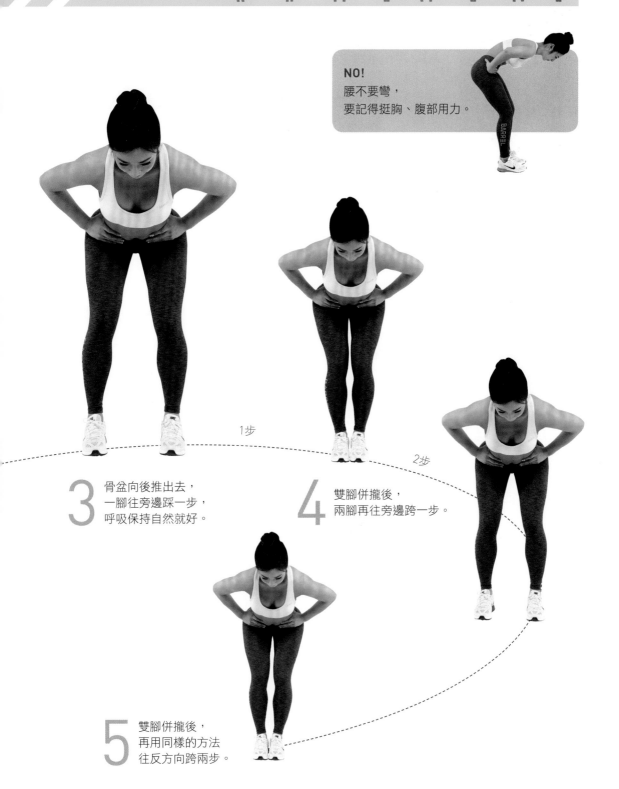

NO!
腰不要彎，
要記得挺胸、腹部用力。

1步

2步

3 骨盆向後推出去，
一腳往旁邊踩一步，
呼吸保持自然就好。

4 雙腳併攏後，
兩腳再往旁邊跨一步。

5 雙腳併攏後，
再用同樣的方法
往反方向跨兩步。

14

15次3組

站姿前踢

這是個雖然看起來很簡單，但卻會需要用到前大腿和腹部力量的動作。可以幫助減少大腿前面的贅肉，讓大腿變得更有彈性。重複做這個動作，身體的平衡感也會更好。

1 雙腳張開與骨盆同寬，
雙手向兩側平舉至與肩同高。

2 在上半身挺直、膝蓋打直的狀態下，
一邊吐氣一邊單腳往前踢。
重複15次之後，就一邊吸氣一邊慢慢
回到一開始的準備動作。
POINT 腳只要抬到身體可以保持原姿勢
不動的高度就好。

3 在上半身挺直、膝蓋打直的狀態下，
一邊吐氣一邊單腳向前踢。
重複15次之後，
就一邊吸氣一邊慢慢回到
一開始的準備動作。

NO!
注意腰要挺直，
膝蓋也要盡量打直。

209

STANDING SIDE KICK, HIP ABDUCTION

15

15次3組

站姿側踢

雙手張開、身體挺直,單腳往側邊踢,就可以幫助你減少大腿外側的贅肉。手臂和上半身固定不動,只靠大腿的力量讓腳伸直,就是這個動作的重點。如果容易重心不穩的話,可以扶著牆壁或椅子來做。

1 雙腳張開與肩同寬,
雙手向兩旁平舉至與肩同高。

2 在上半身、
膝蓋都打直的狀態下,
一邊吐氣單腳一邊往旁邊踢起,
重複15次。

3 吸氣時把腳放下來,
慢慢回到一開始的準備動作。

NO!
注意身體不要歪掉。

4 在上半身、膝蓋都打直的狀態下，
一邊吐氣另一隻腳一邊往旁邊踢起，
重複15次。

5 吸氣的同時腳慢慢放下，
回到一開始的準備動作。

16

15次3組

跨背後弓箭步

這是弓箭步的變形動作,可以刺激腳的外側線條和臀部,讓你擁有完美的緊緻大腿。如果覺得刺激不太夠,那可以維持在膝蓋彎屈的狀態下久一點。

1 雙腳張開與骨盆同寬,
雙手插腰。

2 左腳和右腳前後交叉,
右腳的後腳跟抬起。

3 在腰打直的狀態下,
一邊吸氣一邊慢慢坐下去,
膝蓋自然彎屈,
然後再一邊吐氣一邊慢慢起立。

NO!
注意坐下去的時候腰不要彎。

4 右腳和左腳前後交叉，
左腳的後腳跟抬起。

POINT 坐下去的時候膝蓋不要推得
太前面，身體重心要維持在後面。

5 在腰打直的狀態下，一邊吸氣一邊慢慢坐下去，
膝蓋自然彎屈，然後再一邊吐氣一邊起立，
回到一開始的準備動作。

CROSS LUNGE BACK KICK

17

15次3組

後弓箭步踢腿

這個動作可以讓你臀部更有彈性,並減少大腿後方的贅肉,也能幫助身體強化平衡感和專注力。臀部一直到最後都要夾緊,坐下去的時候動作要放慢。腳往後踢出去的時候也要用力!

1 雙腳張開與骨盆同寬,雙手插腰。

2 左右腳前後交叉,右腳的後腳跟抬起來。

3 在腰打直的狀態下,一邊吸氣右腳一邊慢慢彎下去,整個人往下坐。然後再一邊吐氣一邊起立,接著腳往後踢出去,然後再慢慢回到一開始的準備動作。

NO!
注意坐下去的時候腰不要彎。

4　左右腳前後交叉，左腳的後腳跟抬起來。
在腰打直的狀態下，一邊吸氣，右腳一邊慢慢彎下去，整個人往下坐。
然後再一邊吐氣一邊起立，接著腳往後踢出去，然後再慢慢回到一開始的準備動作。

黄金S曲線全身運動
page.218

PART 3

7天就夠！
燃燒熱量的
全身運動

一天吃「五餐」也沒問題

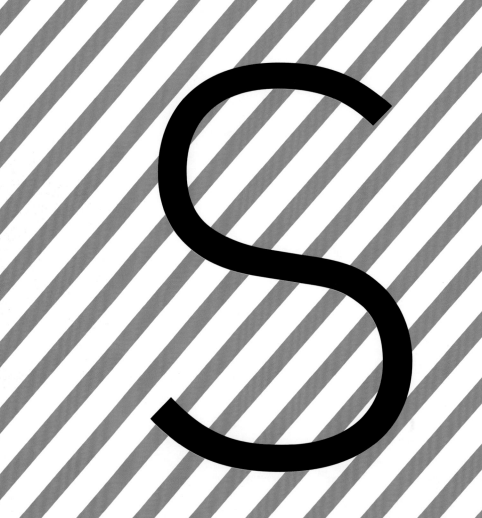

S

打造黃金「S」曲線的全身運動

沒有時間運動，或是要在短時間內減肥的時候，那我推

薦大家做接下來要介紹的黃金「S」曲線全身運動。是

將前面介紹過的各部位動作組合起來，讓你能在短時

間內增加體力並燃燒大量卡路里。還能促進血液循環、

減少贅肉，讓你擁有充滿彈性又苗條的身材曲線。一次

能達到有氧運動和肌力運動2種效果的全身運動！不管

是男是女，我都大力推薦！

熟悉基本動作

這7天所做的運動，是用前面介紹的各部位運動，結合一些新動作設計而成的。第一天是最簡單、最基礎的動作。比起花費的時間或次數，運動時更要注意是否已經熟悉正確姿勢，並感受全身的肌肉都有動到。

STEP 1
開合跳
30次

1 雙手貼在大腿兩側，身體站直。
2 手臂往身體兩側平舉至與肩同高。
3 手腳併攏，回到一開始的準備動作。
4 原地跳起，手高舉過頭。
5 回到一開始的準備動作。

STEP 2
抬腿
20次

1 雙手撐在後腦。

2 一邊吐氣，腹部一邊用力，同時上半身向內縮，單腳膝蓋抬到骨盆的高度。

3 一邊吸氣，上半身一邊挺直，回到一開始的準備動作。

4 一邊吐氣，腹部一邊用力，同時上半身向內縮，另一腳膝蓋抬到骨盆的高度。然後再吸氣、上半身挺直，腳放下回到準備動作。

STEP 3
扭腰抬腿
20次

1 雙手撐在後腦。

2 吐氣時單腳膝蓋抬至骨盆高度，哪隻腳抬起來身體就往哪個方向轉。

3 吸氣的同時上半身轉回來、腳放下，回到一開始的準備動作。

4 吐氣時另一隻腳膝蓋抬起至骨盆高度，抬哪隻腳身體就往哪個方向轉。接著吸氣時上半身轉回來、腳放下，回到一開始的準備動作。

STEP 4
寬步深蹲
30次

1 雙手撐在後腦。
2 兩腳打開，距離是肩膀的2倍寬，身體站直，腳尖向外45度。
3 身體重心放在後面，一邊吸氣一邊慢慢坐下，膝蓋要和腳尖朝同個方向。
4 一邊吐氣，一邊用腳跟推著地板，同時臀部用力慢慢起立。

STEP 1
硬舉
20次

1 雙腳張開與肩同寬，身體站直。
2 身體重心平均分散在兩隻腳上，一邊吸氣膝蓋一邊慢慢彎下去，上半身也向前彎至和地板呈現平行。
3 吐氣時臀部和背用力收緊，慢慢把上半身抬起來。

STEP 6
伏地挺身
10次

1 趴在地板上，雙手彎屈撐在身體兩側。
2 一邊吸氣一邊用手掌推地板，慢慢讓腹部、膝蓋離開地板。
3 然後讓身體從頭到腳維持一直線，這個動作撐3秒不動。
4 接著吐氣時以膝蓋－腹部－胸部的順序，慢慢趴回地板上，回到一開始的準備動作。

STEP 7
側平舉
20次

1 手握啞鈴，掌心朝向身體，雙腳張開與肩同寬。
2 手肘保持微彎，吐氣時慢慢把手往兩側舉至與肩同高。
3 接著再一邊吸氣一邊慢慢把手放下，回到一開始的準備姿勢。

STEP 8
提腿
20次

1 躺在地板上，膝蓋屈起。
2 兩腳往天花板伸直。
3 一邊吸氣，腹部一邊用力，慢慢把雙腳放下，注意腰不要離開地板。
4 維持腹部的力量，吐氣時讓腳慢慢回到朝向天花板的位置。

STEP 9
捲腹
20次

1 躺在地板上，膝蓋屈起。
2 雙手撐著頭，上半身完全貼地，注意腰不能離地。
3 腰維持貼地，一邊吐氣一邊利用腹部的力量把上半身抬起來。
4 腹部繼續收緊，一邊吸氣一邊慢慢躺回去，回到一開始的準備動作。

DAY 2 培養基礎體力

為了讓你不會累，能更有效地瘦身，這是必備的課程！以基礎肌力運動和有氧運動為主設計而成，可以均勻動到全身的肌肉，也可以消耗熱量，提升你的基礎體力。

STEP 1
開合跳
30次

1 雙手貼在大腿兩側，身體站直。
2 原地跳起，雙手往兩側舉起至與肩同高。
3 手腳併攏，回到一開始的準備動作。
4 原地跳起，手伸直高舉過頭。
5 回到一開始的準備動作。

STEP 2
登山者
20次

1 趴下，手掌撐著地板，讓全身從頭到腳維持一直線。
2 吐氣時單腳膝蓋往胸部方向抬起，腹部收縮用力。
3 吸氣時回到一開始的準備動作。
4 然後吸氣，並將另一腳膝蓋往胸部方向抬起，腹部收縮用力，接著吐氣，再回到一開始的準備動作。

STEP 3
波比測試
20次

1 雙手貼著大腿，身體站直。
2 手撐著地板，膝蓋固定不要晃動。
3 雙腳同時向後伸直。
4 腹部用力，把雙腳拉回到距離手近一點的位置（步驟2的姿勢），然後膝蓋打直，回到一開始的準備動作。

STEP 4
俯身舉重
20次

1 雙手貼著大腿，身體站直。
2 上半身向前彎至與地面平行，膝蓋微微彎屈。雙手握拳，大拇指伸直，手放在膝蓋上。
3 一邊吐氣一邊把手舉至和頭一樣高，大拇指要朝向天花板。
4 吸氣時手臂慢慢放下，手碰到膝蓋後膝蓋打直，回到一開始的準備動作。

STEP 5
單腳硬舉
20次

1 視線朝正面，身體站直，雙手放在骨盆上。
2 上半身向前彎45度，膝蓋微微彎屈，重心放在後腳跟上。
3 骨盆固定不動，吐氣的同時單腳向後伸出去，腳尖微微碰到地板。
4 吸氣時往後伸出去的那隻腳回到原位，然後換一隻腳做同樣的動作。

STEP 6
深蹲
30次

1 雙手撐在後腦，身體站直。
2 身體重心擺在後面，吸氣時膝蓋慢慢彎下去，注意上半身不要彎得太前面，維持腹部和身體的力量慢慢往下坐，直到大腿和地面呈現水平。
3 吐氣時用腳跟推地板，膝蓋慢慢伸直，最後起立時臀部要盡量收緊。

STEP 7
單腳弓箭步
20次

1 臉朝正面，身體站直，雙手放在骨盆上。
2 吐氣時右腳往後伸出去，左腳膝蓋彎屈，右腳下壓至靠近地面。
3 吸氣時收回後面的那隻腳。
4 吐氣時左腳往後伸出去，右腳膝蓋彎屈，左腳下壓至靠近地面。

STEP 8
捲腹
20次

1 躺在地板上，膝蓋屈起。
2 雙手撐著頭，上半身緊貼地板，腰不要離地。
3 腰緊貼著地板，吐氣時腹部用力把上半身抬起。
4 腹部不要放鬆，一邊吸氣一邊躺回地板上，回到一開始的準備動作。

STEP 9
觸腳捲腹
20次

1 躺在地板上，膝蓋屈起。
2 腳往天花板伸直，手臂伸直朝向腳尖。
3 吐氣時腹部收緊，像要用手去摸腳尖一樣把上半身抬起來。
4 腹部不要放鬆，吸氣時慢慢躺下，躺到肩胛骨碰到地板時就馬上再抬起來。

減少體脂肪

到了第3天，體脂肪慢慢下降的同時，體重也會開始有一點改變了。看著自己改變的樣子，不僅會產生自信，更會覺得運動有趣。接下來就讓我們更快、更有效地動動身體，燃燒更多體脂肪吧。完成所有的步驟之後，可能會滿身大汗、肌肉痠痛。因為用到了平常很少動到的肌肉所以才會這樣，只要像按摩一樣輕輕揉捏就好。

STEP 1
後躍步開合跳
30次

1 面朝正面，身體站直，雙手放在骨盆上。
2 跳起時後腳跟往後抬起。
3 重複30次之後回到一開始的姿勢。

STEP 2
寬步深蹲
30次

1 雙手撐在後腦。
2 兩腳打開，距離是肩膀的2倍寬，腳尖向外打開45度。
3 吸氣時身體重心放在後面，膝蓋慢慢彎下去，跟腳尖朝同個方向。
4 吐氣時用後腳跟推地板，臀部用力慢慢起立。

STEP 3
側抬膝
20次

1 雙手撐在後腦。
2 吐氣時身體側彎，讓手肘和膝蓋在腰部的高度交會。
3 吸氣並回到一開始的姿勢。
4 換另外一邊做同樣的動作。

STEP 4
超人飛
20次

1 趴在地板上，雙腳張開與骨盆同寬，雙手伸直貼在耳側。
2 吐氣時手腳同時伸直抬起。
3 吸氣時慢慢回到一開始的準備動作。

STEP 5
推地板
10次

1 趴在地板上，雙手撐在身體兩側。
2 吸氣時手掌出力推地板，以腹部－膝蓋的順序慢慢撐起身體。
3 接著從頭到腳維持一直線，並支撐3秒不動。
4 吐氣時再以膝蓋－腹部－胸部的順序慢慢趴下，回到一開始的準備動作。

STEP 6
跪姿俯身臂屈伸
20次

1 雙手握著啞鈴，跪坐在地上。
2 挺胸，上半身微微向前彎15～20度。
3 吸氣時手臂水平抬起，手肘彎屈成90度。
4 肩膀和手肘固定不動，吐氣時手向後伸直，感覺到手臂後方肌肉收縮，再慢慢回到一開始的準備姿勢。

STEP 7
舉腿
20次

1 躺在地板上，膝蓋屈起。
2 腳往天花板伸直。
3 吸氣時腰貼著地板，腹部用力，雙腳慢慢放下。
4 腹部持續出力不要放鬆，腳慢慢抬高至原來的高度。

STEP 8
旋體捲腹
20次

1 躺在地板上，膝蓋屈起。
2 在膝蓋彎屈的狀態下把腳抬起來，雙手撐在頭後，並抬起上半身。
3 吐氣時單腳膝蓋往胸部方向靠，另一隻腳伸直，同時上半身往彎著的膝蓋那個方向轉。
4 一邊吸氣一邊轉往另一個方向，同時兩腳動作交換。

STEP 9
登山者
20次

1 前趴在地板上，雙手雙腳把身體撐起來，從頭到腳維持一直線。
2 吐氣的同時單腳膝蓋往胸部方向拉，同時腹部肌肉收緊。
3 吸氣時回到一開始的準備動作。
4 吐氣時換另一腳膝蓋往胸部方向拉，腹部肌肉收緊，然後再吐氣回到一開始的準備動作。

DAY 4

刺激身體的每個角落

現在你的身體柔軟度變好，對動作的理解度也增加，這樣運動起來就更得心應手。身體每個角落都能感受到運動帶來的刺激，也可以知道哪些部位運動不足。紮實地跟著每個步驟，感覺刺激比較小的部位，可以再去找該部位的運動方法來補強。

STEP 1
深蹲
30次

1　雙手撐在後腦，身體站直。

2　身體重心放在後面，吸氣時膝蓋慢慢彎下去。上半身不要彎得太前面，腹部和軀幹要持續出力，直到大腿和地板呈現平行。

3　吐氣時腳跟推地板，膝蓋慢慢伸直，起立的時候臀部要盡量收緊。

STEP 2
前弓箭步
20次

1 面朝正前方，身體站直，雙手放在骨盆上。
2 單腳往前站一大步，然後一邊吐氣，同時膝蓋彎屈成90度，後面的那隻腳則往下壓到靠近地板。
3 吸氣的時候前面那隻腳回到原位。
4 換另外一隻腳往前踩一大步，接著一邊吐氣同時膝蓋彎屈成90度，後面的那隻腳則下壓到靠近地板。

STEP 3
寬步深蹲跳
20次

1 雙腳張開，距離是肩膀的2倍。腳尖向外打開45度，雙手插腰。
2 吸氣時慢慢坐下去，直到大腿和地板成平行，注意膝蓋和腳尖要朝同個方向。
3 吐氣時腳用力推地板，膝蓋打直、垂直向上跳起。
4 吸氣時輕輕著地，膝蓋微彎然後馬上再跳起來。這樣重複做完20次，就一邊吐氣一邊重新站直，這時臀部和大腿內側要用力收緊。

STEP 4
側弓箭步
20次

1 雙手十指交握，雙腳張開，距離是肩膀的兩倍寬。
2 在腳－膝蓋－骨盆維持垂直一直線的狀態下，吐氣的同時其中一邊的膝蓋慢慢彎屈，另一腳則是往旁邊伸直。
3 吸氣時彎屈的膝蓋打直，回到一開始的準備動作。
4 換另外一隻腳重複步驟2～3的動作。

STEP 5
開合跳
30次

1 雙手貼在大腿兩側，身體站直。
2 手往兩邊舉起至與肩同高。
3 手臂和腳併攏，回到一開始的準備動作。
4 原地跳起，手臂高舉過頭再放下。
5 回到一開始的準備動作。

STEP 6
單腳硬舉
20次

1 面朝正面，身體站直，雙手放在骨盆上，身體重心擺在後腳跟，上半身往前彎45度，膝蓋微微彎屈。
2 骨盆固定不動，吐氣的同時單腳向後伸出去，腳尖輕輕碰一下地板。
3 吸氣時往後伸出去的那隻腳回到原位。
4 接著一邊吐氣，一邊將另一隻腳往後伸出去，腳尖輕碰地板。吸氣時再把往後伸出去的腳收回來。

STEP 7
橋式
20次

1 躺在地板上，膝蓋屈起。
2 吐氣時後腳跟推地板，把骨盆抬起來，動作維持3秒。
3 一邊吸氣一邊慢慢把骨盆放下，回到一開始的準備動作。

STEP 8
棒式
30秒×10次

1 雙手十指交握,手肘彎屈撐著地板,膝蓋靠著地板、後腳跟抬起來。

2 身體出力、膝蓋離開地板,讓身體從頭到腳呈現一直線,這樣維持30秒。

3 回到一開始的準備動作,休息10秒後再做第2次,總共重複10次。

DAY 4

運動量大爆發！

接下來的運動是以燃燒體脂肪、提升肌力為主設計而成的。運動的難度較高，強度也更強，會很容易累、很不容易專注。建議做好伸展，動作之間也要有充裕的休息時間。

STEP 1
側跳步
20次

1 面朝前方，身體站直，雙手放在骨盆上。
2 往旁邊跳30～50公分左右。
3 再往反方向跳30～50公分。
4 重複20次。

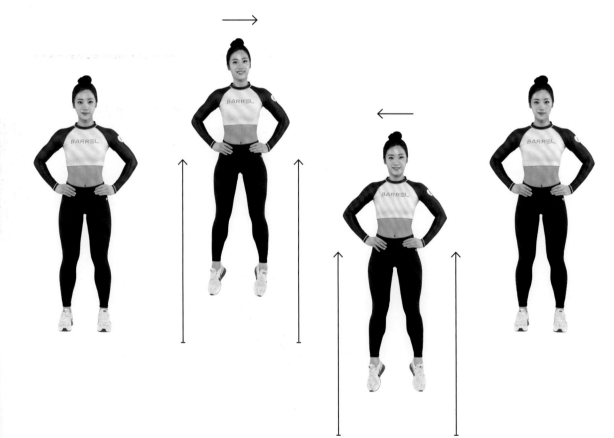

STEP 2
旋體抬膝
20次

1 吐氣，然後雙手撐在後腦。
2 吸氣時單腳膝蓋抬至骨盆高度，身體往離地那隻腳的方向轉。
3 吐氣之後再吸一口氣，上半身轉回正面，腳放下，回到一開始的準備動作。
4 一邊吐氣膝蓋一邊抬至骨盆高度，身體往離地那隻腳的方向轉。

STEP 3
硬舉
20次

1 雙腳張開與肩同寬，身體站直。
2 吸氣時身體重心放在腳尖，膝蓋微彎，上半身往前彎至與地板平行。
3 一邊吐氣背一邊收縮用力，慢慢抬起上半身。

STEP 4
單腳硬舉
20次

1 面朝前方，身體站直，雙手放在骨盆上。
2 上半身前彎45度，膝蓋微微彎屈，身體重心放在後腳跟。骨盆固定不動，吸一口氣同時單腳向後伸出去，腳尖輕輕碰一下地板。
3 一邊吐氣一邊把伸出去的腳收回來。
4 馬上再吸一口氣，換另一隻腳伸出去。

STEP 5
高抬腿
30秒

1 雙手握拳，手肘彎屈，身體站直，右腳膝蓋抬起同時往上跳。
2 馬上換左腳膝蓋抬起來，同時往上跳。

STEP 6
側平舉
20次

1 雙手握著啞鈴，掌心向內，雙腳張開與肩同寬。
2 手肘微微彎屈，然後邊吐氣邊將手臂舉至與肩同高。
3 吸氣時手慢慢放下，回到一開始的準備姿勢。
4 重複步驟2～3的動作20次。

STEP 7
棒式
30秒×4次

1 雙手十指交握，用手臂、膝蓋和腳尖把身體撐起來。
2 身體用力讓膝蓋離地，讓身體從頭到腳成一直線，並維持30秒不動。
3 回到一開始的準備姿勢，休息10秒後再做第二次，總共重複4次。

繃緊深層肌肉

當肌肉能找到正確的位置時，身體才會變得有彈性。
動作熟悉後，就可以慢慢增加每個動作的次數。

STEP 1
高抬腿
30秒

1 雙手握拳手肘微彎，身體站直。
2 右腳膝蓋抬起時，身體跟著往上跳。
3 接著馬上換左腳膝蓋抬起來，並同時往上跳。

STEP 2
棒式抬腿
20次

1 往前趴下，用手掌把身體撐起來，讓身體從頭到腳成一直線。
2 上半身固定不動，一邊吐氣一邊抬起其中一隻腳，同時臀部肌肉收緊。
3 吸氣的同時把腳放下，回到一開始的準備動作。
4 換抬另外一隻腳，動作步驟一樣。

STEP 3
驢子後踢腿
20次

1 往前趴下，雙手伸直撐著地板，膝蓋彎屈跪地。膝蓋固定90度不動，吐氣的同時其中一隻腳朝天花板抬起，同時臀部也要收緊。
2 吸氣時，懸空那隻腳的膝蓋慢慢放下到另一隻腳的大腿中間，然後再邊吐氣邊把腳往上抬，總共重複20次。
3 換一隻腳，重複步驟1～2的動作。

STEP 4
跪姿屈膝抬腿
20次

1 雙手十指交握，手臂撐著地板，膝蓋跪地。
2 單腳往後伸出去。
3 吐氣時臀部用力，用臀部的力量把伸出去的腳抬起來，一隻腳重複做 20次。
4 吸氣時回到一開始的準備動作，然後再換另外一隻腳。

STEP 5
波比測試
20次

1 雙手貼在大腿兩側，身體站直。
2 手掌撐著地板，肩膀固定不動。
3 雙腳同時向後伸直。
4 腹部用力把雙腳收回來（步驟2的動作），然後起立回到一開始的準備動作。

STEP 6
捲腹
20次

1 躺在地板上，膝蓋屈起。
2 雙手撐在後腦，腰貼著地板。
3 腰貼著地板不動，腹部用力同時吸氣，用腹部的力量把上半身撐起來。
4 腹部不要放鬆，一邊吸氣一邊慢慢躺下，回到一開始的準備動作。

STEP 1
舉腿
30次

1 躺在地板上，膝蓋屈起。
2 雙腳往天花板伸直。
3 腰貼著地板，腹部用力同時吸氣，慢慢把腳放下。
4 腹部不要放鬆，一邊吐氣一邊慢慢把腳抬回原來的高度。

DAY 7

集中攻略鍛鍊不足的部位

第1～6天都集中全身運動，最後一天就來集中鍛鍊訓練不足的部位吧。每一個步驟做的都是能對該部位帶來最大刺激、最有效果的運動，如果有覺得哪裡鍛鍊不足，就挑那個步驟來做吧。

STEP 1

深蹲
30次

1 雙手撐在後腦，身體站直。

2 身體重心放在後面，吸氣時膝蓋慢慢彎屈，注意腹部和身體要出力，讓上半身不會過度向前彎，往下坐到大腿和地面呈現水平為止。

3 吐氣時用腳跟推地板，同時膝蓋慢慢伸直起立，一直到最後臀部都要用力。

STEP 2
棒式
30秒×10次

1　雙手十指交握，用手臂、膝蓋和腳尖撐著地板。
2　身體用力讓膝蓋離地，讓身體從頭到腳成一直線，並維持30秒不動。
3　回到一開始的準備動作，休息10秒。
4　重複步驟1～3的動作。

STEP 3
臀部伸展

1　向前趴下，雙手交疊抵著額頭。
2　骨盆固定不動，吐氣時臀部用力，單腳往上抬起。
3　吸氣時腳慢慢放下，回到一開始的準備動作。就這樣重複20次。
4　換一隻腳，重複步驟1～3的動作20次。

STEP 4
跪姿伏地挺身
15次

1 向前趴下，膝蓋撐著地板，雙手伸直把上半身撐起來，讓身體從頭到膝蓋成一直線。
2 吸氣的同時手臂彎屈，慢慢往前趴下。
3 吐氣時首推地板，手肘伸直，回到一開始的準備動作。
4 重複步驟1～3的動作15次。

STEP 5
Y型抬手
30次

1 雙手貼著大腿，身體站直。
2 上半身向前彎至幾乎和地面成平行，膝蓋微微彎屈。雙手握拳，大拇指朝前伸直，手撐在膝蓋上。
3 吐氣時手往左右舉到頭的高度，大拇指朝向天花板。
4 吸氣時手慢慢放下，重新抵回膝蓋上，然後膝蓋打直回到一開始的準備動作。

STEP 6
交叉抬手
30次

1 雙手握著啞鈴，身體站直，膝蓋微微彎屈，然後上半身向前彎90度，並讓雙手在身前交叉。
2 一邊吐氣，一邊把手抬高，讓手肘彎屈成90度。
3 吸氣時雙手慢慢放下在身前交叉，剛剛在後面的手換放到前面。
4 吐氣時把手抬高，手肘彎屈成90度。就這樣雙手交替坐30次。

STEP 7
開合跳
30次

1 雙手貼著大腿，身體站直。
2 手往兩旁舉至與肩同高。
3 手腳併攏，回到一開始的準備動作。
4 原地跳起，手臂向上伸直。
5 回到一開始的準備動作。

DAY 7

STEP 8
側弓箭步
20次

1 雙手十指交握，雙腳張開，距離是肩膀的2倍寬。

2 腳－膝蓋－骨盆保持一直線，吐氣時單腳膝蓋彎屈，另一腳膝蓋打直。

3 吸氣時把剛才彎屈的膝蓋伸直，回到一開始的準備動作。

4 換一隻腳，重複步驟2～3的動作。

Shim Euddeum的書籍運動分享示範就到這裡結束。
過去我所學、所研究的運動方法，
以及只有我自己知道的祕訣，都毫無保留地告訴大家了。

希望看了這本書的所有人，
都能穿上迷人的比基尼，
自信滿滿地走在海邊。

就讓自己今年度過一個火辣的夏天吧！

7天打造完美 A4腰 × 蘋果臀

韓國最美曲線話題製造 Euddeum 的 S 曲線分區鍛鍊操

作　　　者　Euddeum Shim
譯　　　者　陳品芳

發　行　人　黃鎮隆
副總經理　陳君平
企劃主編　蔡月薰
美術總監　沙雲佩
封面設計　陳碧雲
公關宣傳　邱小祐、吳姍

出　　　版　城邦文化事業股份有限公司　尖端出版
發　　　行　台北市民生東路二段141號10樓
　　　　　　電話：（02）2500-7600　傳真：（02）2500-1975
　　　　　　讀者服務信箱：spp_books@mail2.spp.com.tw
　　　　　　英屬蓋曼群島商家庭傳媒股份有限公司
　　　　　　城邦分公司　尖端出版行銷業務部
　　　　　　台北市民生東路二段141號10樓
　　　　　　電話：（02）2500-7600　傳真：（02）2500-1979
　　　　　　劃撥戶名／英屬蓋曼群島商家庭傳媒（股）公司城邦分公司
　　　　　　劃撥帳號／50003021　劃撥專線／（03）312-4212
　　　　　　※劃撥金額未滿500元，請加附掛號郵資50元
法律顧問　王子文律師　元禾法律事務所　台北市羅斯福路三段37號15樓

台灣總經銷　中彰投以北（含宜花東）高見文化行銷股份有限公司
　　　　　　電話：0800-055-365　傳真：（02）2668-6220
　　　　　　雲嘉以南　威信圖書有限公司
　　　　　　（嘉義公司）電話：0800-028-028　傳真：（05）233-3863
　　　　　　（高雄公司）電話：0800-028-028　傳真：（07）373-0087
香港總經銷　豐達出版發行有限公司
　　　　　　地址：香港柴灣永泰道70號柴灣工業城第2期1805室
　　　　　　電話：852-2172-6533　傳真：852-2172-4355
　　　　　　E-mail：hkcite@biznetvigator.com
馬新總經銷　馬新總經銷　城邦（馬新）出版集團　Cite（M）Sdn Bhd
　　　　　　電話：（603）9057-8822、9056-3833　傳真：（603）9057-6622
　　　　　　E-mail：cite@cite.com.my
　　　　　　大眾書局（新加坡）　POPULAR（Singapore）
　　　　　　電話：65-6462-9555　傳真：65-6468-3710
　　　　　　E-mail：feedback@popularworld.com
　　　　　　大眾書局（馬來西亞）　POPULAR（Malaysia）
　　　　　　電話：603-9179-6333　傳真：03-9179-6200、03-9179-6339
　　　　　　客服諮詢熱線：1-300-88-6336
　　　　　　E-mail：popularmalaysia@popularworld.com

版　　　次　2017年7月　1版1刷
I S B N　978-957-10-7466-5

國家圖書館出版品預行編目(CIP)資料

7天打造完美A4腰－蘋果臀：韓國最美曲線話題
　製造Euddeum 的S曲線分區鍛鍊操／ Euddeum
　Shim作. – 初版. – 臺北市：尖端, 2017.07
　　面；　公分
　ISBN 978-957-10-7466-5(平裝)
　1.塑身　2.健身運動　3.運動健康
425.2　　　　　　　　　　　　　　106005608